全国高等职业教育技能型紧缺人才培养培训推荐教材

建筑施工组织设计

（建筑工程技术专业）

本教材编审委员会组织编写

主　编　魏鸿汉
主　审　刘建军

中国建筑工业出版社

图书在版编目（CIP）数据

建筑施工组织设计/魏鸿汉主编. —北京：中国建筑工业出版社，2005

全国高等职业教育技能型紧缺人才培养培训推荐教材. 建筑工程技术专业

ISBN 978-7-112-07169-2

Ⅰ. 建… Ⅱ. 魏… Ⅲ. 建筑工程—施工组织—设计—高等学校：技术学校—教材 Ⅳ. TU721

中国版本图书馆 CIP 数据核字（2005）第 069716 号

全国高等职业教育技能型紧缺人才培养培训推荐教材

建筑施工组织设计

（建筑工程技术专业）

本教材编审委员会组织编写

主　编　魏鸿汉

主　审　刘建军

*

中国建筑工业出版社出版、发行（北京西郊百万庄）

各地新华书店、建筑书店经销

北京同文印刷有限责任公司印刷

*

开本：787×1092 毫米　1/16　印张：11¼　插页：2　字数：270 千字

2005 年 7 月第一版　2013 年 3 月第十二次印刷

定价：**16.00** 元

ISBN 978-7-112-07169-2

（13123）

本教材是按照该门课程的教学基本要求及最新的国家标准和行业标准编写的。全书共分5单元,内容包括:绪论、建筑流水施工、网络计划技术、单位工程施工组织设计、施工组织设计案例。

本教材主要作为技能型紧缺人才高等职业教育建筑工程技术专业(二年制)的教学用书,也可作为岗位培训教材或供土建工程技术人员参考使用。

*   *   *

本书在使用过程中有何意见和建议,请与我社教材中心(jiaocai@china-abp.com.cn)联系。

责任编辑:朱首明　刘平平
责任设计:郑秋菊
责任校对:孙　爽　王金珠

本教材编审委员会名单

主　任：张其光

副主任：杜国城　陈　付　沈元勤

委　员：(以姓氏笔画为序)

丁天庭　王作兴　刘建军　朱首明　杨太牛　朴　军

李顺秋　李　辉　施广德　胡兴福　郝　俊　项建国

赵　研　姚谨英　廖品槐　魏鸿汉

序

改革开放以来，我国建筑业蓬勃发展，已成为国民经济的支柱产业。随着城市化进程的加快、建筑领域的科技进步、市场竞争的日趋激烈，急需大批建筑技术人才。人才紧缺已成为制约建筑业全面协调可持续发展的严重障碍。

面对我国建筑业发展的新形势，为深入贯彻落实《中共中央、国务院关于进一步加强人才工作的决定》精神，2004年10月，教育部、建设部联合印发了《关于实施职业院校建设行业技能型紧缺人才培养培训工程的通知》，确定在建筑施工、建筑装饰、建筑设备和建筑智能化等四个专业领域实施技能型紧缺人才培养培训工程，全国有71所高等职业技术学院、94所中等职业学校、702个主要合作企业被列为示范性培养培训基地，通过构建校企合作培养培训人才的机制，优化教学与实训过程，探索新的办学模式。这项培养培训工程的实施，充分体现了教育部、建设部大力推进职业教育改革和发展的办学理念，有利于职业院校从建设行业人才市场的实际需要出发，以素质为基础，以能力为本位，以就业为导向，加快培养建设行业一线迫切需要的高技能人才。

为配合技能型紧缺人才培养培训工程的实施，满足教学急需，中国建筑工业出版社在跟踪"高等职业教育建设行业技能型紧缺人才培养培训指导方案"编审过程中，广泛征求有关专家对配套教材建设的意见，组织了一大批具有丰富实践经验和教学经验的专家和骨干教师，编写了高等职业教育技能型紧缺人才培养培训"建筑工程技术"、"建筑装饰工程技术"、"建筑设备工程技术"、"楼宇智能化工程技术"4个专业的系列教材。我们希望这4个专业的系列教材对有关院校实施技能型紧缺人才的培养培训具有一定的指导作用。同时，也希望各院校在实施技能型紧缺人才培养培训工作中，有何意见和建议及时反馈给我们。

建设部人事教育司
2005年5月30日

前　言

　　《建筑施工组织设计》是根据全国高等职业教育技能型紧缺人才培养培训指导方案，由本教材编审委员会组织进行编写的，是二年制技能型紧缺人才高等职业教育建筑工程技术专业主干课程的专业教材之一。

　　《建筑施工组织设计》是建筑工程技术专业的一门重要专业课，它所研究的内容是建筑施工项目管理科学的重要组成部分，它对统筹建筑施工项目全过程，推动建筑企业技术进步和优化建筑施工项目管理起到核心作用。通过该门课程的学习将使学生掌握建筑施工组织设计的基本概念、基本原理及基本方法，并通过实操训练、案例学习和项目实训获得进行建筑施工组织设计的技能，对培养学生的专业和岗位能力，使学生较快成为具有实际工作能力的建筑施工技术和管理人才有重要的作用。

　　根据高等职业教育技能型紧缺人才培养培训指导方案确定的指导思想，该教材充分体现了"以全面素质为基础，以能力为本位"、"以企业需求为基本依据，以就业为导向"、"适应企业技术发展，体现教学内容的先进性和前瞻性"和"以学生为主体，体现教学组织的科学性和灵活性"的原则和编写目标，简化理论阐述，重实用、重案例，可使学生尽快达到教学目标的要求。

　　为探索根据企业用人"订单"进行教育与培训的机制，本教材在内容上注意到建造师执业资格的能力要求，使教材合理定位。学员通过本课程的学习，可较快达到对应岗位的职业要求，以满足建筑施工企业的用人需求。

　　文字教材仅是达到教学目标的一种媒体和手段。教师在教学中还要针对教学内容即时组织和安排其他教学方式。本教材单元后设有"实训课题"、"复习思考题"及"习题"等配套的教学模块，供教师组织教学过程中选用。

　　本书单元1、单元5由天津建筑工程职工大学魏鸿汉编写，单元2由内蒙古建筑职业技术学院杨占才编写，单元3由天津建筑工程职工大学徐群编写，单元4由内蒙古建筑职业技术学院张毅夫编写。本书由魏鸿汉任主编，浙江建设职业技术学院刘建军任主审。

　　由于编者水平和经验有限，书中难免存在疏漏和错误，衷心希望使用本书的读者批评指正。

目　录

单元 1 绪 论

知 识 点： 施工项目，施工项目管理的特点，施工项目管理程序，施工组织的基本原则，施工组织设计的任务、分类、内容和编制。

教学目的： 通过该单元的学习，使学生了解建设项目和施工项目的基本概念，施工组织的基本原则，掌握施工组织设计的基本概念，为进一步学习施工组织设计的技术方法和编制打下基础。

课题 1 建设项目和施工项目

1.1 项 目

1.1.1 项目的概念

"项目"是由一组有起止时间的、相互协调的受控活动所组成的独特过程，该过程要达到包括时间、成本和资源等约束条件在内的有规定要求的目标。

项目的范围非常广泛，常见的有科学研究项目（基础科学研究项目，应用科学研究项目……）；开发项目（资源开发项目，新产品开发项目……）；建设项目（工业与民用建筑，交通工程……）等，它们都具有独特性、目标的明确性、项目的整体性和不可逆性等特点。那些大批量的、目标不明确的、局部性的、重复进行的过程，不能称作项目。

1.1.2 项目的分类

项目一般可按专业特征划分为科学研究项目、工程项目、维修项目、咨询项目等。每一类项目又可根据需要进一步进行分类，以有针对性地对其进行管理，提高完成任务的水平和效果。

工程项目是项目中数量最大的一类，可按专业特点将其分为建筑工程、公路工程、机电工程、铁路工程、水利工程等，也可按项目的管理特征的不同分为建设项目、施工项目、设计项目、咨询项目等。

1.2 建 设 项 目

1.2.1 建设项目的概念

建设项目是指在一定量的投资下，经过决策、设计、施工、竣工等一系列程序，在一定的约束条件下，以形成固定资产为明确目标的特定进程。

建设项目的管理主体是建设单位。它的约束条件是时间约束（即工期目标）、资源约束（即特定的投资总量目标）和质量约束（即项目预期的生产能力、技术水平或使用效率）。

1.2.2 建设项目的组成

根据建设项目规模大小、复杂程度的不同，为便于分解管理，可将建设项目分解为单项工程、单位工程、分部工程和分项工程等。

(1) 单项工程

具有独特的设计文件，竣工后可独立发挥特定功能或效益的一组工程项目，称为一个单项工程。一个建设项目可由一个单项工程也可由若干个单项工程组成。

一般情况下，单项工程往往是在使用功能上具有相关性的一组建筑物或构筑物。如一所医院，包括办公楼、门诊楼、医疗住院楼、食堂、锅炉房等就构成了一单项工程。

(2) 单位工程

具备独立的施工条件（单独设计，可独立施工），并能形成独立使用的建筑物或构筑物为一个单位工程。单位工程是单项工程的组成部分，一个单项工程一般由若干个单位工程所组成。

一般情况下，单位工程是一个单体的建筑物或构筑物，规模较大的单位工程可将其具有独立使用功能的部分作为一个或若干个子单位工程。

(3) 分部工程

组成单位工程的若干个分部称为分部工程。分部的划分可依据专业性质或建筑部位的特征而确定。如一幢建筑物单位工程，可划分为土建安装分部和设备安装工程分部，而土建工程分部又可划分为地基与基础分部、主体结构、建筑装饰装修分部。而主体结构又可分为钢筋混凝土结构、混合结构、钢结构等几个分部。

(4) 分项工程

组成分部工程的若干个施工过程称为分项工程。分项工程一般按工种、材料、施工工艺或设备类别进行划分。如钢筋混凝土结构分部工程可分为模板、钢筋、混凝土等几个分项工程。

本书主要介绍单位工程施工组织设计的相关内容。

1.2.3 建设程序

建设程序是指建设项目的进行程序，习惯称作基本建设程序。建设项目按程序进行建设是社会经济规律的要求，是建设项目技术、经济规律的要求，也是建设项目复杂性（环境复杂、涉及面广、相关环节多、多行业多部门配合）决定的。

我国的建设程序分为六个阶段，即：建设项目建议书提出阶段→可行性研究阶段→设计工作阶段→建设准备阶段→建设实施阶段→竣工验收阶段。

1.2.4 建设项目的管理

建设项目管理是建设单位在建设项目的进行周期内，用现代管理方法和技术手段，对建设项目进行有效的规划、决策、组织、协调、控制等科学的管理活动，从而按项目既定的质量标准、时间要求、投资总额、资源限制和环境条件，圆满完成建设目标。建设项目管理是项目管理的一类，其管理的主体是建设单位，其管理对象是建设项目。

1.3 施 工 项 目

1.3.1 施工项目的概念

施工项目是由建筑业企业自工程施工投标开始到保修期满为止的全过程中完成的项

目，是建筑业企业完成的最终产品。

施工项目的施行主体是建筑业企业，是由建筑业企业来完成的项目，它是建设项目或其中的单项工程或单位工程的施工活动的全过程。而分部工程、分项工程因不是建筑业企业的最终产品，故其不能称作施工项目，而是施工项目的组成部分。

施工项目可以认为是建设项目中从投招标、施工准备、实施施工一直到竣工验收、回访保修各阶段所构成的一个子项目。

1.3.2 施工项目的管理

施工项目管理是建筑业企业运用系统的观点、理论和方法对施工项目进行的规划、组织、监督、控制、协调等全过程、全面的管理。

施工项目管理的主体是建筑业企业，其管理对象是施工项目。

施工项目管理与建设项目管理是不同的，首先是管理的主体和任务不同，其次是管理内容不同，其三是管理范围不同，具体区别见表1-1。

施工项目管理与建设项目管理的区别　　　　　　　　　　表1-1

区别特征	建 设 项 目 管 理	施 工 项 目 管 理
管理主体	建设单位或其委托的咨询（管理）单位	建筑业企业
管理任务	取得符合要求的、可发挥应有效益的固定资产	生产出工程产品，取得利润
管理内容	包括投资周转在内的全过程的管理	从投标开始到交工为止的全部施工组织、管理及维护
管理范围	由可行性研究报告确定的全部工程，是一个建设项目	由工程承包合同规定的承包范围，是建设项目、单项工程或单位工程的施工

在建设程序的六个阶段中，施工项目阶段具有特别重要的地位，因而便具有特殊的意义：首先，施工阶段是设计转化为工程实体的阶段，是实现由精神到物质飞跃的阶段。其二，施工阶段在建设程序中，是惟一的生产活动阶段，具有广泛的社会性、技术性、经济性和政策性，与国民经济的发展有着密切联系。其三，施工阶段是投资最多、所需资源最多的阶段，故节约的潜力是巨大的。其四，施工阶段花费时间最长，要面对实践同时的环境和条件不断变化，因此要求其管理过程不能一成不变，也应是动态的、变化的。

可见施工项目管理所面临的对象和内容，均有很大的特殊性，只有进行科学的项目管理，才能处理好这些特殊性，取得好的经济效益和社会效益。同时，在施工项目管理中也要处理好施工阶段与其他建设程序阶段的各种关系，做到衔接适当，自成体系。

为对施工项目进行有效的管理，建筑业企业应建立施工项目管理规划制度。施工项目管理规划分为施工项目管理规划大纲和施工项目管理实施规划。前者是由企业管理层在投标之前编制的旨在作为投标依据、满足招标文件要求及签订合同要求的文件。后者是在开工之前，由项目经理主持编制旨在指导项目实施阶段管理的文件。

施工项目管理规划大纲的内容包括：项目概况、项目实施条件分析、施工项目管理目标、施工项目组织构架、质量目标规划和施工方案、工期目标规划和施工总进度计划、施工预算和成本目标规划、施工风险预测和安全目标规划、施工平面图和现场管理规划、投标和签订合同规划、文明施工及环境保护规划。

施工项目管理实施规划的内容包括：工程概况、施工部署、施工方案、施工进度计划、资源供应计划、施工准备工作计划、施工平面图、技术组织措施计划、项目风险管理、项目信息管理、技术经济指标分析。

1.3.3 施工项目管理的程序

施工项目管理的程序可划分为以下 5 个阶段：

(1) 投标与签订合同阶段

施工单位承接施工项目的任务和方法目前在我国主要是通过工程投标方式（当建筑面积较小、施工单项合同估算价较少或一些特殊情况，也可直接或采取其他方式承接）。

当建设单位对建设项目进行设计和建设准备，具备了招标条件后，便通过相应的建设项目交易中心或自行发出招标公告（若自行招标，必须提前向建设工程招标投标监督管理机构备案）。施工单位见到招标公告后，从做出投标决策到参加投标、一直到中标签约取得施工项目的承接权，形成了施工项目施行的第一个阶段，也可称为立项阶段，本阶段的最终目的是签订工程承包合同。该阶段主要进行的工作是：

1) 从企业的经营战略高度和自身条件做出是否参与投标的决策。

2) 决定投标后，调查分析自身、相关单位、市场及现场多方面的信息。

3) 编制有竞争力、体现企业优势、又可保证企业赢利的投标书，投标书中应包括技术标、经济标、资格标和设计标四部分，而技术标即项目管理规划大纲（或标前施工组织设计）由施工企业管理层在投标前编制，作为投标文件之一。

4) 经过公开竞标，若中标，则与建设单位签订工程承包合同，签订了承包合同的施工项目，才算落实了施工任务。签订承包合同必须要严格依照《合同法》、《建筑安装工程承包合同条例》及相关规定，符合平等互利的原则。

(2) 施工准备阶段

施工单位在签订了工程承包合同、交易关系正式确定之后，便应组织项目经理部，然后以项目经理部为主，与所属企业管理层和建设单位配合，进行施工准备，这一阶段的主要工作是：

1) 成立项目经理部，建立工程管理的机构，配备管理人员。

2) 制定施工项目管理实施规划（或标后施工组织设计），以指导施工项目管理活动。

3) 进行施工现场准备，使施工现场具备施工条件。

4) 编写开工申请报告，待批开工。

(3) 施工阶段

施工阶段是施工项目自开工至竣工的实施全过程，是整个施工项目过程中投入资金、耗费人力最多的一个阶段。这一过程的主要决策者和责任者是项目经理部。这一阶段的主要目标是完成合同规定的全部施工任务，使其达到验收、交工的条件。这一阶段的主要工作是：

1) 实施项目施工。

2) 施工中控制好质量、进度、造价、安全、节约、文明施工等目标。

3) 严格履行施工合同，适时作好合同变更及索赔。

4) 作好施工过程的相关记录，检查、协调、分析和调整工作。

(4) 验收、交工与结算阶段

这一阶段的目标是对项目进行总结、评价、对外清理债权债务、结束交易关系，这一

阶段的主要任务是:

1) 施工过程的收尾,相关设备调整和试运转。

2) 接受由发包人组织设计、施工、监理等单位进行竣工验收。

3) 整理、移交竣工文件,进行工程结算,总结工作,编制竣工总结报告。

4) 办理工程交付手续。

5) 项目经理部解体。

(5) 回访保修阶段

这是施工项目管理的最后阶段,即在竣工验收后,在合同规定的责任期进行回访与保修,以保证用户的正常使用或产生效益。这一阶段的主要工作是:

1) 为保证工程的正常使用而作必要的技术咨询和服务。

2) 进行回访,听取用户意见,观察使用中的问题。按施工合同的约定和"工程质量保修书"的承诺进行必要的维护、维修和保修并承担相应的经济责任。

课题2 建筑施工组织

2.1 建筑施工组织的研究对象和任务

建筑施工组织是施工项目管理全过程中重要的组成部分,它是针对建筑工程施工的复杂性,研究工程建设的统筹安排与系统管理的客观规律,制定建筑工程施工最合理的组织与管理方法的一门科学,它是推动建筑业企业技术进步,加强现代化施工管理的核心。

现代建筑产品的施工生产是一项特殊的生产活动,它是多工种、多专业、多设备交叉的综合而复杂的系统工程。要做到保证工程质量、缩短施工工期、降低工程成本和实现文明施工,就必须要对工程施工全过程进行科学化的组织和统筹。同一个工程,由于承包企业项目管理部的技术管理水平的不同,往往对施工中各种经济、技术问题提出不同解决方案,而不同的施工方案往往经济效果也不一样。建筑施工组织就是研究如何根据工程的性质和特点、工期的要求、施工人员的数量和素质、机械设备的装配程度、材料的供应情况、现场的场地条件、运输条件等经济技术约束条件,从经济和技术的全局出发,从多种可行的方案中进行最优方案确定的问题。这是在建筑业企业在投标前和项目经理部在中标后及在施工进行中要必经和不断解决的问题。

建筑施工组织的任务是:在国家和政府有关建筑施工的方针政策指导下,从施工的全局出发,根据具体条件,以最优的方式解决人力、物力、财力、技术资源的组织问题,以使施工的各项活动得到全面的、科学的规划和部署,从而优质、低耗、高速的完成施工任务。

2.2 施工组织的基本原则

根据我国建筑业施工长期积累的经验和建筑施工的特点,在建筑工程的施工组织过程中应遵循以下几项基本原则。

2.2.1 遵循施工工艺和技术规律,坚持合理的施工程序和施工顺序

施工项目的施工工艺和技术规律是建筑工程施行的固有客观规律,施工工艺的任何一

道工序或技术处理措施既不能省略，也不能颠倒，如钢筋混凝土的施工工艺必须依照钢筋制作→绑扎、就位→支模→混凝土浇筑、振捣→养护的工艺过程。而要保证混凝土达到设计强度等级，就必须满足强度、湿度的养护条件的技术要求，这些都是在组织施工中必须严格遵循的规律。

所谓施工程序是指从施工项目进行的全局出发，对各施工阶段的先后次序安排。如先进行施工准备工作，后正式施工的程序是保证后续生产活动正常进行的保证条件。准备工作不充分就冒然开工，不仅会引起施工混乱而且会造成资源的浪费。而施工顺序是各不同的空间部位、不同的专业工种、不同的施工工艺进行的空间和时间上的先后顺序。如先地下后地上；地下工程的先深后浅；主体结构在前，装饰工程在后；外墙装饰先上后下等施工顺序都是在施工组织中一般要坚持的原则。

2.2.2 采用流水施工法和网络计划技术组织施工

国内外建筑施工的实践证明，流水施工作业法是组织施工的一种科学方法，它不但可使施工有节奏、均衡和连续地进行，而且可达到充分利用工作时间和操作空间、减少非生产性的劳动消耗、提高生产率、缩短工期、节约费用等显著的技术经济效果。

网络计划技术是将统筹法应用于现代生产管理的方法，它应用网络图来表达施工计划中各项工作的相互关系，不但有逻辑严密、层次清楚、关键问题明确，还可以进行计划方案的优化、控制和调整，同时非常便于计算机进行程序化的应用。在施工项目的施工组织管理中，为达到缩短工期、优化资源、节约成本的目的，应用网络计划技术是一种行之有效的手段，故成为施工组织中常用的技术手段和方法。

2.2.3 充分利用机械设备，提高施工的机械化程度

建筑产品体量大、现场空间情况多变、工艺过程复杂等特点使施工过程中要消耗大量的体力劳动，而人的体力上的极限，又形成了提高施工效率的瓶颈，解决这一问题的重要途径就是尽量以机械化施工代替人工操作，这是建筑技术进步的重要标志。在大面积平整场地、大型土石方工程、混凝土的集中机械化搅拌和机械化浇筑、大型钢结构和钢筋混凝土预制构件的制作和安装等繁重施工过程中应用机械化施工，对于改善劳动环境、减轻劳动条件、提高生产效率、实行文明化生产都有重要的意义。

2.2.4 恰当安排冬、雨期施工项目，保证全年生产的连续和均衡性

由于建筑施工项目是在自然空间中进行，不具备室内生产的稳定环境条件，故不采取相应的技术措施，冬、雨期就不可能连续施工。虽目前已有较成熟的冬、雨期施工措施，但会增加施工费用，所以应在施工项目的安排中要根据其特点和具体情况留有必要的、适于冬、雨期施工的、不会过多增加额外成本费用的工程项目，以增加全年的施工天数，提高施工的连续性和均衡性。

2.2.5 努力采用国内外先进的施工技术和科学的管理方法

随着近代科学技术的不断发展，建筑施工技术日新月异，新工艺、新技术不断涌现。在施工组织中及时采用新的施工技术，特别是与科学的管理方法相结合，可达到提高生产率、保证工程质量、缩短工期、降低成本的综合效果。同时对提高建筑业企业和施工项目经理部的生产经营素质和人员素质、增加企业的发展后劲也都有重要的意义。

2.2.6 尽可能利用永久建筑作为现场临时用房，合理紧凑地规划施工平面，节约施工用地

建筑施工现场设施在施工结束后随即就要拆除的时效特点，决定了其投资的效益的有限性，故在组织施工中要尽可能利用永久或已建的建筑作为现场生产的场地，以降低成本消耗。

合理紧凑地安排规划施工平面对现场文明施工、保证施工安全、加快施工进度、降低工程成本、提高施工用地的使用效率都会产生直接的影响。

以上各条组织施工的原则是既是建筑产品生产的客观需要，又是提高建筑业企业和建设单位经济效益的需要，故在施工项目实施的过程中一定要认真地遵循和施行。

课题3 施工组织设计概述

3.1 建筑产品的特点

建筑产品即建筑业企业生产的最终产品是建筑物和构筑物。本书所提及的建筑产品更多的是指建筑物，即各类房屋，如工业建筑、农业建筑、民用建筑等，而民用建筑根据其使用对象的不同又可分为住宅建筑和公共建筑。

由于建筑产品的使用功能、采用建筑材料的物理力学特性、结构和构造的特殊性决定了建筑产品与一般工业产品有不同的特性，主要表现在以下几个方面；

3.1.1 空间上固定性

一般的建筑产品均由自然地面以下的基础和自然地面以上的主体两部分组成，而基础通过地基或直接与地壳相连，进而将上部荷载通过基础传给地基，因此建筑产品一旦最终建成就形成了在选定地点上与选定地点的土地不可分隔的关系。从建筑产品一开始建造直至拆除均不能移动（目前发展的整体移动工艺，只能作为一种新工艺，不能形成普遍性），因此建筑产品在空间上是固定的。

3.1.2 体量的庞大性

建筑物为了满足其使用功能，需要使用大量的材料，一幢单体建筑物少则几十吨，一般数千吨，多可达数万吨，使用材料的巨量性决定了建筑产品体量的庞大性，故建成后需占用广大的空间。

3.1.3 类型的多样性

建筑产品不但要满足各种使用功能，而且还深受社会、文化、民族、时代、地域、自然条件的影响，因此使其在规模、结构、构造、型式、装饰等各方形成了不同的风格和样式，表现为建筑产品类型的多样性。

3.2 建筑产品生产的特点

上述建筑产品在空间、体量和类型方面的三方面特性，决定了建筑产品特殊的生产过程特点。

3.2.1 生产的流动性

一般的工业产品的生产过程往往是生产的场地、机械设备和操作人员固定，而产品在生产线上流动。而建筑产品由于其空间上的固定性，决定了其生产必定是在不同地区、现场、工地间流动，而同一工程项目，往往又是由操作人员和使用机械在不同的部位进行移动生产。因此建筑产品的生产是流动的，而产品是固定的。

3.2.2 生产周期长

由于建筑产品的固定性和体量庞大，而且材料的化学、物理力学性能又有其特殊性，故使其生产过程耗费大量的人力、物力和财力，同时其生产过程要受到工艺施工程序和工艺流程的约束，所以其生产周期较长，一般少则几个月，长则几年，因此建筑产品具有生产周期长、占有流动资金大、生产成本易受市场波动影响等特点。

3.2.3 生产的单件性

建筑产品地点的固定性和类型的多样性，决定了产品生产不雷同的单件性，不同于一般工业产品使用相同的材料、按同一设计规格、在同一生产工艺流程上进行批量产品生产的多件性，即使是选用标准设计和通用构件去建造相同的建筑产品，由于生产所在地区的自然经济条件、材料供应情况和施工企业技术、管理水平的差异，也会使建筑产品往往在结构、构造、建筑材料、施工方法和施工组织等方面有所不同，从而形成了建筑产品生产的单件性。

3.2.4 露天作业、高空作业多

建筑产品由于产品的固定性和体量庞大的特点，决定了其必需在露天生产。即使随着建筑技术的发展、工厂预制化水平不断提高，建造体量庞大的建筑物，也可能在工厂车间内生产构件或配件，但仍需在露天现场装配后才可形成最终产品。

在城市化日益发展，土地资源日益紧张的社会环境下，体量庞大的建筑产品必将向高度上发展，因此形成了建筑产品的生产高空作业多的特点，给安全生产和生产流程的安排带来了新的问题。

3.2.5 生产组织的综合复杂性

从上述建筑产品生产的特点可看出，建筑生产的涉及面广。在建筑业企业内部要涉及到在不同地区、不同地点、不同产品上多专业、多工种之间的配合协作，而且要应用到建筑材料、建筑结构、建筑构造、地基基础、水暖电、机械设备、施工技术、施工组织、工程造价等多学科的专业知识。在建筑业企业外部，它要涉及不同专业施工企业及城市规划、土地管理、勘察设计、给排水、电力供应、环境保护、建设管理、交通运输、财政金融、劳务等多部门多领域的协作配合，从而使建筑产品的生产组织综合而复杂。

3.3 施工组织设计的概念及与施工项目管理工作的关系

施工组织设计是指导拟建工程施工全过程各项活动的技术、经济和组织的全局性的综合性文件，是为达到施工项目的最终目标，而专门对施工过程科学组织协调的设计文件。它不但对按项目施工方法组织施工，而且对按其他方式组织施工来讲也是必要而不可缺少的。

按照现行的《建设工程项目管理规范》（GB/T 50326—2001）规定，按项目管理的方法对施工项目组织施工时，项目管理的一项主要内容就是要编制项目管理规划，其包括"项目管理规划大纲"和"项目管理实施规划"两部分。而项目管理实施规划是对项目管理规划大纲的具体化和深化。

施工组织设计是我国长期工程建设实践中形成的一种惯例制度，目前多数建筑业企业仍在组织施工过程中所采用。要特别指出的是施工组织设计仅是对施工过程的组织和规划

而并非是施工项目管理中的"项目管理规划",它比后者的外延要小。当用施工组织设计代替项目管理规划时,施工组织设计应满足项目管理规划内容的要求。但当用其他的方式组织施工过程时,则施工组织设计完全可承担其对施工工程的组织协调的作用。

3.4 施工组织设计的任务和作用

3.4.1 施工组织设计的任务

建筑工程的施工是一项复杂的生产活动,它的运作过程要涉及到多专业、多工种、多社会部门的组织与协调。一个建筑物的施工,可有不同的施工方案、施工方式和施工顺序;不同的构件和半成品的生产方式;不同的运输工具和运输方式;不同的现场布置方式;不同的施工准备工作的方法等等。施工组织设计的任务就是面对这一系列问题,根据国家和各地区的方针政策和招投标的各项规定和要求,结合工程的性质、规格和各种客观条件,从经济和技术统一的全局出发,对各种问题通盘考虑,做出科学的、合理的部署,协调各方面的关系;使施工过程能有计划地、有条不紊地进行,达到优质、低耗、高速地完成工程施工任务,取得最好的经济及社会效益。

3.4.2 施工组织设计的作用

施工组织设计是施工准备工作的重要组成部分,是做好施工准备工作的主要依据和重要保证;也是对拟建工程施工全过程实行科学管理的前提。施工组织设计还是编制投标文件、编制施工预算及编制施工计划的主要依据,也为建筑业企业合理组织施工和加强项目管理提供了重要措施和手段。

3.5 施工组织设计的分类

3.5.1 按设计阶段的不同分类

建筑工程的设计可按两阶段(扩大初步设计,施工图设计)或三阶段(初步设计,技术设计,施工图设计)进行,而施工组织设计也可按与对应的各阶段进行,即:

(1)设计按两阶段进行

施工组织设计可分为施工组织总设计(扩大初步施工组织设计)和单位工程施工组织设计两种。

(2)设计按三阶段进行

施工组织可分为施工组织设计大纲(初步施工组织设计)、施工组织总设计和单位工程施工组织设计。

3.5.2 按编制对象范围的不同分类

(1)施工组织总设计:它是以一个建筑群或一个单项项目对编制对象,涉及对象范围大,施工组织设计的客观性较强。

(2)单位工程施工组织设计:它是以一个单位工程为编制对象,涉及的对象范围小,单一性强,施工组织设计的针对性较强,如对一个单幢建筑物的施工组织设计。

(3)分部(分项)工程施工组织设计:它是以分部(分项)工程为编制对象,涉及的目标范围以专业性质、建筑部位或工种、材料、工艺等划分,施工组织设计的针对性更强。如复杂的基础工程,钢结构安装工种,屋面防水工程等的施工组织设计。

3.5.3 按编制时间的不同划分

(1) 标前施工组织设计:

它是为了满足编制投标书和签订工程承包工程合同的需要而由企业经营管理层编制的,建筑业企业为了使投标书具有竞争力以实现中标必须编制标前施工组织设计。标前施工组织设计,又称为技术标,是投标文件的组成之一。标前施工组织设计的水平既是能否中标的关键因素,又是总包单位招标和分包单位编制投标书的重要依据,还是承包单位进行合同谈判提出约定和进行承诺的根据和理由,是拟定合同文件中相关条文的基础资料。

一般来说,标前施工组织设计可与项目管理规划中的项目管理规划大纲相对应,但代替时应按后者的内容要求作相应的充实。

(2) 标后施工组织设计:

标后施工组织设计亦称施工阶段的施工组织设计。它是在投标中标签订合同后由项目管理层而编制的。编制的目的在于指导施工阶段的施工,要突出其实施性,故从内容上编制要详细,涉及的范围要宽泛,以便对项目施工进行工期、质量、成本的控制,保证在合同工期内保质保量地完成施工任务。编制标后施工组织设计,要使施工方案、施工平面图更加科学合理,更加详尽和更具针对性;要编制详细可行的施工准备工作计划和资源需用量计划、要有详尽可靠的保证质量、安全和季节施工的各种技术措施,最后要有全面的技术经济指标的分析与评价。

前述的施工组织总设计、单位工程施工组织设计和分部(分项)组织设计都属于标后施工组织设计。本书主要介绍的是标前和标后的单位工程施工组织设计。

同样,标后施工组织设计可与项目管理规划中的项目管理实施规划相对应,但代替时应根据后者的内容要求作相应的充实。

3.5.4 按编制内容的繁简程序划分

施工组织设计按编制内容的繁简程度不同可分为完整的施工组织设计和简单的施工组织设计两种。

(1) 完整的施工组织设计

对于工程规模大、结构复杂,技术要求高,采用新材料、新结构、新技术、新工艺的工程项目,必须编制内容详尽的完整施工组织设计,尤其是如用其来代替项目管理规划中的项目管理规划大纲和项目管理实施规划时,更要求按后两者的内容要求来详尽编写。

(2) 简单的施工组织设计

对于工程规模小,结构简单,技术要求一般和工艺不复杂的工程项目,可以编制通常只包括施工方案、施工进度计划和施工平面图等内容的简单的施工组织设计。

3.6 施工组织设计的内容

3.6.1 施工组织设计的基本内容

施工组织设计的内容根据编制目的、对象、取得工程项目的方式及施工项目管理方式的不同而在详略、范围上有所不同,但其基本内容应给予保证,一般说施工组织设计的基本内容应包括:

(1) 施工项目的工程概况;

(2) 施工部署或施工方案的选择;

（3）施工准备工作计划；

（4）施工进度计划；

（5）各种资源需要量计划；

（6）施工现场平面布置图；

（7）质量安全和节约等技术组织保证措施。

3.6.2 标前施工组织设计的内容

为尽最大努力争取工程中标，投标单位根据建设单位提供条件和资料，在规定时间内编制出工程项目的施工组织设计，连同工程预算（或清单计价）以及投标书盖章加封后于规定时间内送交建设交易市场。投标的最终目的是争取中标，因此标前施工组织设计编制的目的亦是服从争取中标的总目的，其主要应包括以下内容：

（1）综合说明（工程概括：设计概况、气象概况、施工条件、工程特点。工程目标：质量目标、工期目标、编制依据等）。

（2）施工部署（工程的管理组织、总体布署、流水段的划分及施工流向）。

（3）施工现场平面布置（现场地界围护、施工道路、起重机械布置、材料堆场等）。

（4）劳动力计划（基础和结构施工阶段、装修阶段）。

（5）施工进度计划（总进度计划编制说明、工期保证措施）。

（6）施工准备（组织和技术准备、现场准备、物资准备、经常性准备、施工用水用电估算等）。

（7）施工方案（基础施工方案，结构主体施工方案，装修工程施工方案，水、电通风管道及线路的施工方案等）。

（8）主要管理措施（采用新技术、新工艺，各专业工种、各工序的协调措施，冬、雨期施工措施，安全保证措施，现场文明施工措施，环保措施等）。

（9）工程交验后服务措施（回访、保修等）。

3.6.3 标后施工组织设计的内容

标后施工组织设计是在工程中标后，在标前施工组织设计的基础上，按照施工图和有关资料由负责施工的项目部管理层编制的。在编制时，如施工图、施工条件无大变化，则应遵守标前施工组织设计中已就工期、质量、施工方法、机械设备、管理组织等对招标单位做出的承诺，并在设计中得以反应。但应注意标后施工组织设计与标前施工组织设计的目的和用途是不同的，前者是争取招标单位的信任，争取工程中标；而后者是用来具体指导工程施工，因而在内容上编制得要更加具体和深入，要更具有实用性。下面仅介绍标后的单位工程施工组织设计的内容：

（1）工程概况（名称、规模、造价、结构特征、建筑特征、场地特点、施工条件等）。

（2）管理组织（组织机构图、职责分工、规章制度及责任制等）。

（3）施工作业条件的准备（建筑物定位、放线，水准点引入，材料、机具、构件的进场，分包合同签订等）。

（4）施工部署（质量进度、工期及文明施工的目标，拟投入的施工力量规模及物资供应，资金供应方式及规划等）。

（5）施工方案（施工方法选择，施工机械及大型工具选择，施工段划分，施工程序，新工艺、新技术、新材料等）。

（6）施工进度计划。

（7）资源计划（劳动力计划，材料使用计划，施工机械及大型机具使用计划及资金使用计划等）。

（8）施工平面图规划（施工平面布置图、用水用电等指标计算、临时设施建筑面积、施工场地利用率、临时工程投资比例及费用比例的计算等）。

（9）施工技术、组织与管理措施（质量、安全、进度保证措施，文明施工及环保措施，冬雨季施工措施，加强合同管理及索赔工作措施等）。

（10）指标计算与分析（劳动生产率，劳动力不均衡系数，单位工程质量指标，钢材、水泥、木材的节约百分比，施工机械完好率等）。

对于一般结构类型的规模不大的单位工程的施工组织设计可编制的简单些。但无论是哪一类施工组织设计。都应突出以"组织"的角度出发重点编好以下三项内容：

（1）"技术"，即单位工程施工组织设计中的施工方案和施工方法。前者的关键是"安排"，后者的关键是"选择"。

（2）"时间"，即单位工程施工组织设计中的施工进度计划。主要是解决顺序是否得当，时间是否利用合理的问题。

（3）"空间"，即单位工程施工组织设计中的施工平面图。主要是解决施工空间问题和施工投资问题，既包括技术、经济问题也包括政策和法规问题。

以上三个重点反映了施工组织设计的技术、时间和空间的三大要素，抓住这三个重点，其他方面的设计内容也就随之解决了。这三个重点也可概括为"一图（施工平面图），一案（施工方案），一表（施工进度表）"。这也是简单的单位施工组织设计的基本内容。

3.7 施工组织设计的编制

3.7.1 施工组织设计的编制依据

（1）标前施工组织设计的编制依据

标前施工组织设计的编制依据主要有以下几项：

1）项目的可行性研究报告。

2）项目的初步设计（或技术设计及扩大初步设计）文件。

3）招标文件。

4）有关工具性参考资料，如工期定额、类似的工程的建设资料、估算指标等。

5）市场和社会的调查资料。

6）建筑业企业自身的生产经营能力。

（2）标后（单位工程）施工组织设计的编制依据

标后单位工程施工组织设计的编制依据主要有以下几项：

1）标前施工组织设计、施工组织总设计及建筑业企业年度施工的技术和财务计划。

2）设计文件。包括施工图纸及设计说明书，工艺设备布置图及设备基础施工图等。

3）自然条件资料。包括现场的地形，工程地质，水文地质和气象资料。

4）技术经济条件资料。包括地区的建材供应情况及资源，供水、供电、交通运输、生产、生活基地设施等资料。

5）合同规定的有关指标。包括施工项目交付使用期，施工中要求采用的新材料、新结构、新技术及有关的先进技术指标等。

6）工具式参考资料。如技术经济定额，工期定额，工艺标准，施工质量标准，施工手册等。

7）施工企业及相关协作单位可配备的人力、机械、设备和技术状况及施工经验等资料。

8）施工项目管理的要求、企业的经营计划及施工和管理能力。

3.7.2 施工组织设计的编制程序

（1）标前施工组织设计的编制

由于标前施工组织设计应适应经营的需要，主要追求的目标是中标和一旦中标后的经济效益，因此其常有控制性和战略性，应当由企业的经营管理者进行编制，可由投标办公室负责人组织专业人员分工编制，也可由总经济师（或总工程师）负责组织各相关处（科）协调进行编制。

编制标前施工组织设计的基本程序是：

学习招标文件→进行调查研究→编制施工方案和选用主要施工机械→编制施工进度计划，确定开工日期、竣工日期→绘制施工平面图→确定标价及钢材、水泥、木材等主要材料用量→设计质量、进度、安全、节约、降低成本及环境保护等技术组织措施→提出谈判方案。

（2）标后（单位工程）施工组织设计的编制

标后（单位工程）施工组织设计应当由项目经理组织项目经理部的各部门（人员）进行编制。技术部门、生产计划部门或工程部门分别负责施工方案和施工进度及施工平面图的编制。各相关技术部门分别负责施工技术组织措施和资源计划中的相关内容的编制，而项目经理负责编制过程中的综合协调、指标的计算和分析等亦由各相关部门分别进行。

编制标后（单位工程）施工组织设计的基本程序是：

学习标前施工组织设计→现场调查研究→工程概况→确定施工项目管理组织→施工布署→施工方案→施工进度计划→各类资源计划→施工技术组织措施→施工平面图设计→指标计算与分析。

一旦施工项目中标并下达了施工任务后，承担施工项目的项目经理部就要确定编制施工组织设计的编制人员，并召开由建设单位、设计单位和有关的协作单位参加的设计要求和施工条件的交底会，根据建设单位的工期要求及资源情况等进行广泛认真的讨论，拟定大致的施工部署，形成初步方案，落实施工组织的编制计划。对结构复杂、施工难度大的及采用新工艺、新技术的工程项目，要进行专业性的研究，必要时组织专门会议邀请有经验的专业工程技术人员参加。为施工组织设计的编制和实施打下良好的基础。

在编制过程中要充分发挥各职能部门的作用，充分利用施工企业的整体的技术和管理素质优势，合理进行工序交叉和配合的组织设计。当比较完整的施工组织设计方案提出之后，要组织参加编制的人员及有关单位进行讨论审核，逐项逐条地研究和修改，最终形成正式文件，送有关部门审批。

3.8 施工组织设计的实施

施工组织设计的编制，仅是为施工项目的施工过程提供了一个可行的方案，即仅仅完成了一项组织施工的技术准备工作，这个方案的技术经济效果如何，是否能真正实现其目标，必须通过实施去验证。施工组织设计的实施就是把根据理论和已有的实践经验结合工程的具体情况编制的理想静态平衡方案放到动态的施工实施过程中去考核、检验并不断调整，以达到预期的目标。

实践证明，用施工组织设计来指导施工，对于保证工期和工程质量，降低工程成本是极为有效的。相反，凡是忽略技术管理工作，不编制施工组织设计，或虽然编制了但不实施执行，或执行中不能根据客观因素的变化及时调整，或编的过于繁复或编制的过于简单而违背实际，都会造成施工程序混乱、资源失调、工期失控、质量及成本达不到预期的指标。因此，国家有关规定已明确限定，凡是未编写施工组织设计的工程或虽已编制但未经审核批准的工程一律不允许开工。

施工组织设计一经批准，即成为进行施工准备和组织整个施工活动的指导性的技术文件，必须严肃对待、认真执行。不但施工单位必须按照施工组织设计安排组织施工活动，而且计划、施工、技术、物资供应、劳动工资等相关部门都应按照施工组织设计认真安排各自的工作。各级施工和技术管理人员，也必须按照施工组织设计严格检验、督促各项工作的实施落实。在施工过程如遇条件和情况发生变化，应及时修改和调整施工组织设计，经原审批部门同意后，按修改后的施工组织设计执行。对不执行施工组织设计而造成事故者，要追究其责任。

为了保证施工组织设计的顺利实施，重点应做好以下几个方面的工作：

(1) 传达施工组织设计的内容和要求，做好交底工作。

工程开工前要召开生产、技术会议，学习传达施工组织设计的内容和要求，逐级进行交底，详细讲解其内容和要求、施工关键环节和保证措施，使各级施工和技术管理人员掌握施工组织设计，制定具体的实施规则。

(2) 制定有关贯彻施工组织设计的规章制度。

贯彻施工组织设计的规章制度，可保证施工组织设计的顺利实施，因此按照施工项目经理部的具体情况和管理组织特点及人员素质编制合宜的、严格的实施规章制度是保证实施质量的重要措施。

(3) 推行项目经理责任制和项目成本核算制。

项目经理责任制是在社会主义市场机制条件下对施工项目有效管理的一种方式，而项目成本核算制更是保证施工项目最终经济目标实现的有效手段。故保证施工组织设计的实施质量，推行项目的经济责任制和项目成本核算制是首要的组织和制度前提。

(4) 统筹安排，综合平衡。

做好人力、物力和财力的统筹安排，保持合理的施工规模和施工速度，及时发现并分析不稳定因素，不断进行综合平衡，以保证施工有节奏、均衡、平稳地实施。

实 训 课 题

案例讨论：

只要按照施工组织设计去组织施工，是否就可保证施工项目最终目标的实现？为什么？在教师的引导下，通过适当的有关案例，组织学生分组讨论，并比较各组讨论结果，总结出结论。

复 习 思 考 题

1. 施工项目的管理程序包括哪几方面的内容?
2. 建筑产品及其生产特点是什么?
3. 施工组织设计的任务和作用是什么?
4. 施工组织设计分几种类型?标前施工组织设计和标后组织设计的区别和共同点有哪些?
5. 为保证施工组织设计的顺利实施,应做好哪几方面的工作?

单元 2 建筑流水施工

知识点：流水施工的基本概念；各类流水施工组织方式的特点、组织方法及适用范围。

教学目标：通过教学，使学生了解流水施工的基本概念，并掌握基本流水施工组织的分类、特点、组织方法以及使用范围，具备进行流水施工组织的初步能力。

课题 1 建筑流水施工的基本概念

1.1 流水施工的原理

实践证明，在所有的生产领域中流水作业法是组织产品生产的理想方法；流水施工是组织工程施工最有效的科学方法之一，它可以充分地利用工作时间和操作空间，减少非生产性劳动消耗，提高劳动生产率，保证工程施工连续、均衡、有节奏地进行，从而对提高工程质量、降低工程成本、缩短工期有着显著作用。

1.1.1 施工的组织方式及其比较

在实际施工中，可以采用依次施工、平行施工和流水施工三种组织方式。

为了便于说明上述三种施工组织方式及其特点，现举例如下：

【例 2-1】 某小区拟建三幢结构相同的建筑物，其工程编号分别为Ⅰ、Ⅱ、Ⅲ，它们的基础工程量都相等，而且都是由挖土方、砌基础和回填土等三个施工过程组成，每个施工过程的施工天数均为 5 天，其中，挖土方的专业队人数为 12 人；砌基础的专业队人数为 16 人；回填土专业队人数为 10 人，三幢建筑物基础工程施工的不同组织方式，如图2-1所示。

（1）依次施工

依次施工也叫顺序施工，即一幢房屋基础工程各施工过程全部完成后，再施工第二幢，依次完成每幢施工任务。这种施工组织方式的施工进度安排、工期及劳动力动态（资源需要量）如图 2-1 "依次施工" 栏所示。

由图 2-1 可见，依次施工组织方式具有以下特点：

1）由于没能充分利用工作面去争取时间，所以工期长（45 天）；

2）如果按专业成立工作队，则各专业队不能连续作业，有时间间歇，劳动力及施工机具等资源无法均衡使用；

3）如果由一个工作队完成全部施工任务，则不能实现专业化施工，不利于提高工程质量和劳动生产率；

4）单位时间内投入的资源量比较少，有利于资源供应的组织工作；

5）施工现场的组织管理比较简单。

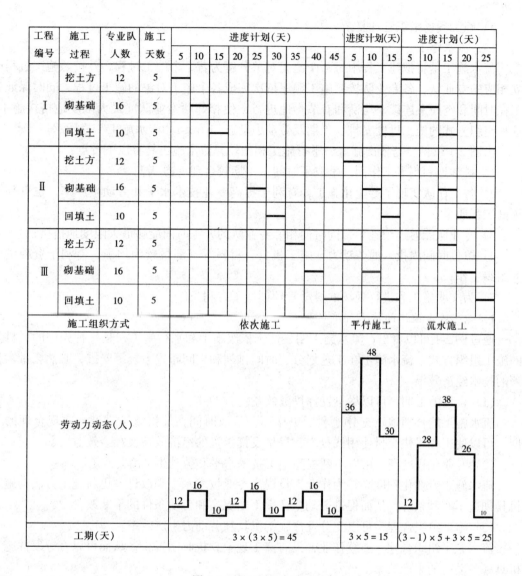

图 2-1　施工组织方式比较

（2）平行施工

在工程任务十分紧迫，工作面允许以及资源保证供应的条件下，可以组织几个相同的工作队，在同一时间、不同的空间上进行施工，这样的施工组织方式称为平行施工。在例 2-1 中，平行施工其进度安排、工期及劳动力动态如图 2-1 中"平行施工"栏所示。

由图 2-1 可见，平行施工具有以下特点：

1）充分地利用了工作面，争取了时间，缩短了工期（15 天）；

2）工作队不能实现专业化生产，不利于改进作业人员的操作方法和施工机具，不利于提高工程质量和劳动生产率；

3）工作队及其作业人员不能连续施工；

4）单位时间内投入的劳动力、施工机具、材料等资源量成倍增长，现场临时设施也相应增加；

5）施工现场组织管理复杂。

（3）流水施工

流水施工是将拟建工程中每一个施工对象分解为若干个施工过程，并按照施工过程成立相应的专业队，各专业队按照施工顺序依次完成各个施工对象的施工过程，同时保证施工在时间和空间上连续、均衡和有节奏地进行，使相邻两专业队能最大限度地搭接施工，这种组织方式的施工进度安排、工期及劳动力动态如图2-1"流水施工"栏所示。

由图2-1可见，与依次施工、平行施工相比较，流水施工具有以下特点：

1）科学地利用了工作面，争取了时间，工期较合理（25天）；

2）各工作队实现了专业化施工，有利于提高专业技术水平和劳动生产率，也有利于提高工程质量；

3）专业队能够连续施工，同时使相邻专业队的开工时间能够最大限度地搭接；

4）单位时间内投入的劳动力、施工机具、材料等资源量较为均衡，有利于资源供应的组织工作；

5）为文明施工和进行现场的科学管理创造了有利条件。

1.1.2 流水施工的技术经济效果

通过例2-1可以看出，流水施工明显优于依次施工和平行施工，是一种先进的、科学的施工组织方式。流水施工在工艺划分、时间排列和空间布置上统筹安排，必然会带来显著的技术经济效果。

（1）合理的工期，可以尽早发挥投资效益。

流水施工能合理地、充分地利用工作面，争取时间，加快施工进度，实现合理的工期，可以使工程尽快交付使用或投产，尽早发挥投资的经济效益及社会效益。

（2）专业化程度高，可以不断提高施工技术水平和劳动生产率。

流水施工专业化程度高，为作业人员提高专业技术水平和改进、更新施工方法与施工机具创造了有利条件，从而促进劳动生产率不断提高和劳动条件的不断改善。

（3）施工组织合理，可以充分发挥施工机具和劳动力生产效率。

流水施工组织合理，连续作业，没有窝工现象，机具闲置少，从而可以充分发挥施工机具和劳动力的生产效率。

（4）资源消耗均衡，可以降低施工成本，提高综合经济效益。

流水施工人、材、机等资源消耗均衡，可以减少现场管理等费用，从而降低施工成本，提高了项目部及施工企业的综合经济效益。

（5）提高工程质量，可以谋求工程项目生产成本与使用成本的最佳结合。

流水施工实现了专业化生产，作业人员技术水平高，而且各专业队之间紧密搭接施工，相互制约，共同促进，有利于提高工程质量，从而在工程项目寿命周期成本中，可以谋求生产成本与使用成本的最佳结合，即生产成本（含可研成本、勘设成本、施工成本、非施工成本）与使用成本（含运行成本、维修成本、保修成本）都是合理的。

1.1.3 组织流水施工的条件

（1）划分施工段

根据组织流水施工的需要，将拟建工程在平面或空间上，划分为工程量大致相等的若干个施工段，也可叫流水段。

（2）划分施工过程

根据工程的施工特点和要求，将拟建的整个建造过程分解为若干个施工过程。建筑工程的施工过程一般为分部工程或分项工程，有时也可以是单位工程。

（3）每个施工过程组织独立的施工专业队（班组）

每个施工过程尽可能地组织独立的施工专业队或施工班组，配备必要的施工机具，按施工工艺的先后顺序，依次、连续、均衡地从一个施工段转到另一个施工段完成本施工过程相同的施工操作任务。

（4）安排主要施工过程必须连续、均衡地施工

主要施工过程是指工程量较大，施工时间较长的施工过程。对主要施工过程，必须组织连续、均衡施工；对其他次要施工过程，可考虑与相邻的施工过程合并，如不能合并，为缩短工期，可安排合理间断施工。

（5）相邻的施工过程尽可能组织平行搭接施工

相邻的施工过程之间除了必要的技术间歇和组织间歇时间之外，应最大限度地安排在不同的施工段上平行搭接施工。

1.1.4 流水施工的表达方式

在工程施工的技术工作中，一般都用图表形式来表达流水施工的进度计划，通常的表达方式有横道图、斜线图和网络图三种。

（1）横道图

横道图也叫水平图表，其表示形式如图 2-2 所示。左边纵向列出流水施工的施工过程（专业队）的名称或编号，右边横向用水平线段在时间坐标下画出施工进度，①、②…表示不同的施工段。

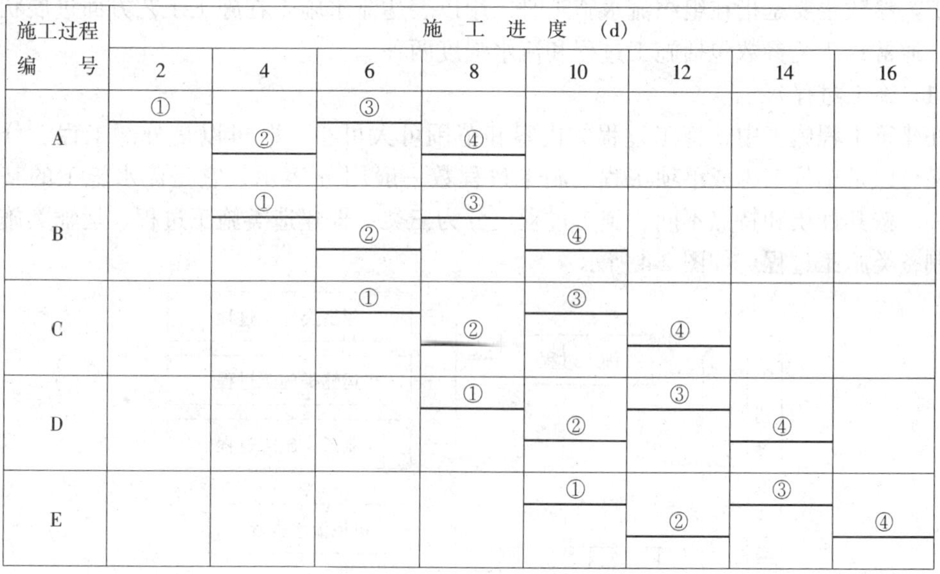

施工过程 编号	施 工 进 度 (d)							
	2	4	6	8	10	12	14	16
A	①	②	③	④				
B		①	②	③	④			
C			①	②	③	④		
D				①	②	③	④	
E					①	②	③	④

图 2-2 流水施工横道图（水平图表）

横道图的优点是：图表简单，施工过程及其先后顺序清楚，时间和空间状况形象直观，进度线段的长短可以反映流水施工进度，使用方便，应用广泛。

（2）斜线图

斜线图也叫垂直图表，如图2-3所示。左边纵向（由下向上）列出施工段，右边用斜线在时间坐标下画出施工进度。

施工段编号	施 工 进 度 (d)							
	2	4	6	8	10	12	14	16
④								
③			A	B	C	D	E	
②								
①								

图2-3　流水施工斜线图（垂直图表）

斜线图的优点是：施工过程及其先后顺序表达清楚，时间和空间状况形象直观，斜向进度线的斜率可以直观地表示出各施工过程的进展速度。

（3）网络图

网络图由箭线和节点组成，是用来表达各项工作先后顺序和逻辑关系的网状图形。流水施工网络图的表达方式，详见单元3。

1.2　流水施工的基本参数

在组织工程流水施工时，用以表达流水施工在工艺流程、空间布置和时间安排等方面的状态参数，称为流水施工参数。流水施工参数主要包括工艺参数、空间参数和时间参数三类。

1.2.1　工艺参数

工艺参数主要是指在组织流水施工时，用以表达流水施工在施工工艺方面进展状态的参数。通常，工艺参数包括施工过程和流水强度两种。

（1）施工过程

在建筑工程施工中，施工过程的内容和范围可大可小，既可以是分部工程、分项工程，又可以是单位工程或单项工程。施工过程数一般用 n 表示，它是流水施工的基本参数之一。按其性质和特点不同，施工过程可分为三类：即建造类施工过程、运输类施工过程和制备类施工过程。如图2-4所示：

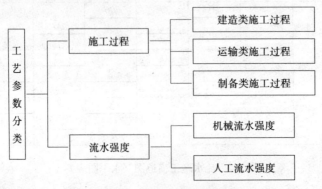

图2-4　工艺参数分类图

1）建造类施工过程。它是指在施工对象的空间上直接进行砌筑、安装与加工，最终

20

形成建筑产品的过程。如地下工程、主体工程、结构安装工程、屋面工程和装饰装修工程等。建造类施工过程是建筑工程施工中占主导地位的施工过程，它占有施工对象的空间，直接影响工期长短，因此必须列入施工进度计划，并在其中大多作为关键工作。

2）运输类施工过程。它是指将建筑材料、构配件、成品半成品、制品和设备等运到工地仓库或施工现场使用地点的施工过程。

运输类施工过程一般不占有施工对象的空间，不影响总工期，通常也不列入施工进度计划中；只有当其占有施工对象的空间并影响总工期时，才列入施工进度计划中。

3）制备类施工过程。它是指为了提高建筑产品生产的工厂化、机械化程度和生产能力而形成的施工过程。如砂浆、混凝土、构配件、制品和门窗框扇等的制备过程。

制备类施工过程一般也不占有施工对象的空间，不影响总工期。因此一般也不列入施工进度表，特殊情况例外。

（2）流水强度

某施工过程在单位时间内所完成的工程量叫流水强度。流水强度一般用 V 表示，其分类如图 2-4 所示。

1）机械操作流水强度

$$V = \sum_{i=1}^{x} R_i \cdot S_i. \tag{2-1}$$

式中　R_i——某种施工机械台数；

S_i——该种施工机械台班生产率；

x——用于同一施工过程的主导机械种类数。

2）人工操作流水强度

$$V = R \cdot S \tag{2-2}$$

式中　R——每一专业队作业人数，R 应小于工作面上允许容纳的最多人数；

S——每一作业人员每班产量定额。

1.2.2　空间参数

空间参数是指在组织流水施工时，用以表达流水施工在空间布置上所处状态的参数。空间参数主要有：工作面和施工段。

（1）工作面

工作面是指供某专业工种的工人或某种施工机械进行施工所必备的活动空间。工作面的大小，是根据相应工种的产量定额、操作规程和安全规程等要求确定的。主要工种工作面参考数据见表 2-1。

主要工种工作面参考数据　　　　　　　　　　　　表 2-1

工 作 项 目	每个技工的工作面	备 注
砖基础	7.6m/人	以 $1\frac{1}{2}$ 砖计 2 砖乘以 0.8 3 砖乘以 0.55
砌砖墙	8.5 m/人	以 1 砖计 $1\frac{1}{2}$ 砖乘以 0.71 2 砖乘以 0.57

工 作 项 目	每个技工的工作面	备 注
毛石墙基	3.0 m/人	以 60cm 计
毛石墙	3.3 m/人	以 40cm 计
混凝土设备基础	8.0 m³/人	机拌、机捣
混凝土柱、墙基础	7.0 m³/人	
现浇钢筋混凝土柱	2.45 m³/人	
现浇钢筋混凝土梁	3.20 m³/人	机拌、机捣
现浇钢筋混凝土墙	5.0 m³/人	
现浇钢筋混凝土楼板	5.3 m³/人	
预制钢筋混凝土柱	3.6 m³/人	
预制钢筋混凝土梁	3.6 m³/人	
预制钢筋混凝土屋架	2.7 m³/人	机拌、机捣
预制钢筋混凝土平板、空心板	1.91 m³/人	
预制钢筋混凝土屋面板	2.62 m³/人	
混凝土地坪及面层	40 m²/人	机拌、机捣
外墙抹灰	16.0 m²/人	
内墙抹灰	18.5 m²/人	
卷材屋面	18.5 m²/人	
防水水泥砂浆屋面	16 m²/人	
门窗安装	11 m²/人	

(2) 施工段

在组织流水施工时，将施工对象在平面或空间上划分成若干劳动量大致相等的施工段落，称为施工段或流水段。流水段数常用 m 表示，它是流水施工的基本参数之一。

1) 划分施工段的目的

划分施工段的目的就是为了组织流水施工。建筑工程虽然体形庞大，但是我们可以把它合理地划分成若干个施工段，为组织流水施工提供足够的空间，保证不同的专业施工队（班组）在不同的施工段上同时施工，并使各专业施工队（班组）能按一定的时间间隔转移到另一个施工段进行连续施工。一般情况下，一个施工段在同一时间内，只安排一个专业队施工，各专业队按照施工工艺顺序依次投入作业，同一时间内在不同的施工段上平行施工，使流水施工均衡地进行。施工段的划分，在不同的分部工程中，可以采用相同的或不同的划分办法，在同一分部工程中最好采用统一的段数，具体情况灵活掌握。

2) 划分施工段的原则

A. 各施工段的工程量（劳动量）要基本相等，其相差幅度不宜超过 10% ~ 15%；

B. 施工段的数目要满足合理组织流水施工的要求，即 $m \geqslant n$；

C. 施工段分界线应尽可能结合建筑特点与结构自然界线一致，如单元、变形缝等；

D. 划分施工段应考虑垂直运输设备的条件和能力；

E. 对于多层建筑物，既要分段（施工段），又要分层（施工层）。保证各专业队在施工段与施工层之间，能够连续、均衡、有节奏地进行流水施工。

3) 施工段数（m）与施工过程数（n）的关系

举例说明如下：

【例 2-2】　某二层现浇钢筋混凝土工程，三个施工过程（$n = 3$）为支模、扎筋、浇混凝土，竖向划分两个施工层，即结构层与施工层一致，假设无层间间歇，各施工过程在每个施工段的作业时间均为 2 天，即 $t_i = 2$，当 $m = 2$ 时，施工进度表如图 2-5 所示。

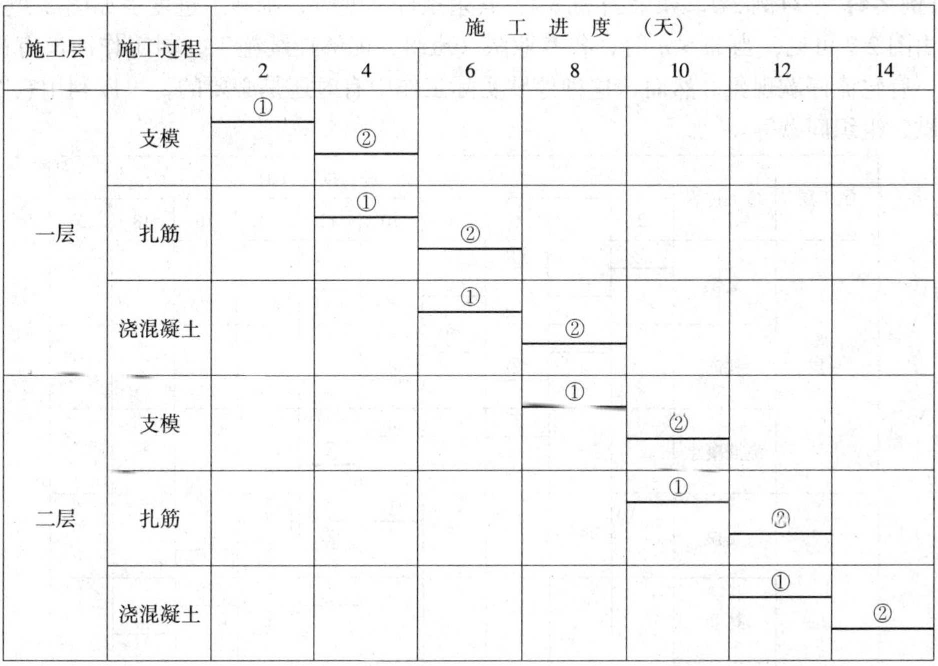

施工层	施工过程	施工 进 度 （天）						
		2	4	6	8	10	12	14
一层	支模	①	②					
	扎筋		①	②				
	浇混凝土			①	②			
二层	支模				①	②		
	扎筋					①	②	
	浇混凝土						①	②

图 2-5　$m < n$ 时的进度安排

由图 2-5 可见，当 $m < n$ 时，专业队（班组）均不能连续施工，都出现了窝工现象，因此，工期延长。

【例 2-3】　对例 2-2，若当 $m = 3$，其他条件不变时，则施工进度表如图 2-6 所示。

施工层	施工过程	施工 进 度 （天）							
		2	4	6	8	10	12	14	16
一层	支模	①	②	③					
	扎筋		①	②	③				
	浇混凝土			①	②	③			
二层	支模				①	②	③		
	扎筋					①	②	③	
	浇混凝土						①	②	③

图 2-6　$m = n$ 时的进度安排

由图 2-6 可见，当 $m = n$ 时，各专业队（班组）都能保持连续施工，工作面能充分利用，没有窝工现象，这是理想化的流水方案。

【例 2-4】 对例 2-2，如果当 $m = 4$，其余条件不变时，则施工进度表如图 2-7 所示。

由图 2-7 可见，当 $m > n$ 时，各专业队（班组）能够连续施工，但工作面没有被充分利用，有轮流停歇现象。然而，这种停歇实际工作中有时还是必要的，可以利用它安排技术间歇，组织间歇等。

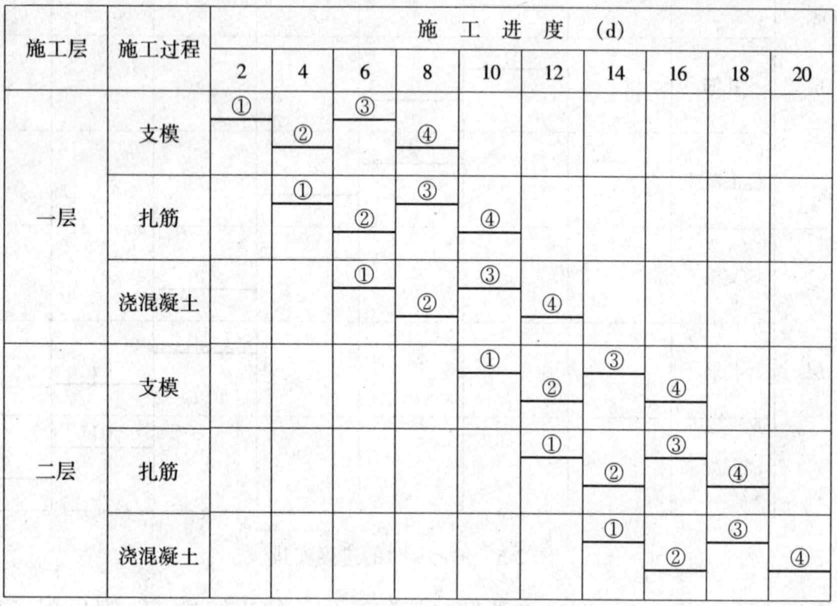

施工层	施工过程	施 工 进 度 (d)									
		2	4	6	8	10	12	14	16	18	20
一层	支模	① ③	②		④						
	扎筋		① ③	②		④					
	浇混凝土			① ③	②		④				
二层	支模					① ③	②		④		
	扎筋						① ③	②		④	
	浇混凝土							① ③	②		④

图 2-7　$m > n$ 时的进度安排

1.2.3　时间参数

时间参数是指在组织流水施工时，用以表达流水施工在时间排列上所处状态的参数，主要有流水节拍、流水步距、流水工期等几种。

（1）流水节拍

流水节拍是指在组织流水施工时，每个专业队（班组）在各个施工段上的工作持续时间，通常用 t_i 表示，它是流水施工的基本参数之一。

流水节拍的大小，可以表明流水施工的速度、节奏感和资源的消耗量，流水节拍也是区分流水施工组织方式的特征参数。

1）流水节拍的计算

流水节拍的计算方法主要有定额计算法、三时估算法和工期计算法三种。

A. 定额计算法，计算公式如下：

$$t_i = \frac{Q_i}{S_i \cdot R_i \cdot N_i} = \frac{P_i}{R_i \cdot N_i} \tag{2-3}$$

或

$$t_i = \frac{Q_i \cdot H_i}{R_i \cdot N_i} = \frac{P_i}{R_i \cdot N_i} \tag{2-4}$$

式中　t_i——某专业队在第 i 施工段的流水节拍；

　　　Q_i——某专业队在第 i 施工段要完成的工程量；

24

S_i——某专业队的计划产量定额；

H_i——某专业队的计划时间定额；

P_i——某专业队在第 i 施工段需要的劳动量或机械台班数量；

$$P_i = Q_i / S_i 或 P_i = Q_i \cdot H_i$$

R_i——某专业队投入的作业人数或机械台数；

N_i——某专业队的作业班次。

B. 三时估算法，计算公式如下：

$$t = \frac{A + B + 4x}{6} \tag{2-5}$$

式中 t——某施工过程在某施工段上的流水节拍；

A——最乐观（最短）估算时间；

B——最不乐观（最长）估算时间；

x——最正常（最可能）估算时间。

三时估算法也叫经验估算法，一般适用于采用新工艺、新技术、新结构等没有定额可依据的工程。

C. 工期计算法，具体步骤如下：

首先，根据工期按经验估算出各分部工程的施工时间；

其次，根据各分部估算出的时间确定各施工过程所需时间；然后按式（2-3）或式（2-4）求出各施工过程所需的人数或机械台数。

工期计算法也叫倒排进度法，适用于某些施工任务在规定日期内必须完成的工程。

2）确定流水节拍的要点：

（a）专业队（班组）人数要适宜；

（b）工作班制要恰当；

（c）充分考虑机械台班率或机械台班产量的大小；

（d）充分考虑施工及技术条件的要求；

（e）节拍值一般取整数，必要时可保留 0.5 d（台班）的小数值。

（2）流水步距

流水步距是指在组织流水施工时，相邻两个施工过程或专业队（班组）相继开始施工的最小间隔时间。流水步距不包含技术间歇、组织间歇等时间，一般用 $B_{i,i+1}$ 表示，它是流水施工的基本参数之一。

1）确定流水步距的基本要求：

（a）保证各专业队（班组）尽可能连续施工；

（b）满足相邻专业队（班组）工序上的制约要求；

（c）保证相邻施工过程或专业队（班组），在开工上最大限度地实现合理搭接。

2）确定流水步距的方法

确定流水步距的方法很多，主要有图上分析法、分析计算法和"大差法"等，详见本课题 1.2.3 的时间参数。

1.3 流水施工组织方式的分类

1.3.1 按流水施工的组织范围分类

流水施工按其组织范围的大小，可分为分项工程流水施工、分部工程流水施工、单位工程流水施工及群体工程流水施工。

（1）分项工程流水施工

分项工程流水施工也叫细部流水，它是在一个分项工程内部各施工段之间组织的流水施工。

（2）分部工程流水施工

分部工程流水施工也叫专业流水施工，它是在一个分部工程内部各分项工程之间组织的流水施工。如基础工程的流水施工、主体工程的流水施工等。

（3）单位工程流水施工

单位工程流水施工也叫综合流水施工，它是在一个单位工程内部各分部工程之间组织的流水施工。

（4）群体工程流水施工

群体工程流水施工也称大流水施工，它是在一个个单位工程之间组织的流水施工。

1.3.2 按流水施工的节奏特征分类

流水施工按其节奏（节拍）特征不同，可分为有节奏流水施工和无节奏流水施工两类，有节奏流水施工可分为等节奏流水施工、异节奏流水施工（详见本单元课题2及课题3）。

课题 2 有节奏流水施工

有节奏流水施工是指在组织流水施工时，每一个施工过程在各个施工段上的流水节拍都各自相等的流水施工。有节奏流水施工可分为等节奏流水施工和异节奏流水施工。

2.1 等节奏流水施工

等节奏流水施工是指在有节奏流水施工中，各施工过程的流水节拍都相等的流水施工，是一种最理想的流水施工方式。等节奏流水施工也叫全等节拍流水施工或固定节拍流水施工。

2.1.1 等节奏流水施工的特点

等节奏流水施工的特点如下：

（1）同一施工过程流水节拍相等，不同施工过程流水节拍也相等；

（2）相邻施工过程之间的流水步距相等，并且等于流水节拍；

（3）每个专业队（班组）都能够连续施工，施工段没有空闲；

（4）专业队（班组）数等于施工过程数。

等节奏流水施工比较适用于分部工程流水，特别是施工过程较少的分部工程；一般不适用于单位工程，特别是单项工程或群体工程。

2.1.2 等节奏流水施工参数的确定

（1）无间歇等节奏流水步距的确定

$$B_{i,i+1} = t_i \qquad (2\text{-}6)$$

式中　t_i——第 i 个施工过程的流水节拍；

$B_{i,i+1}$——第 i 个施工过程和第 $i+1$ 个施工过程的流水步距。

（2）无间歇等节奏流水施工工期计算

$$T_{\mathrm{L}} = \Sigma B_{i,i+1} + T_n = (n-1)t_i + mt_i = (m+n-1)t_i \qquad (2\text{-}7)$$

式中　T_{L}——流水施工工期；

$\Sigma B_{i,i+1}$——所有步距的总和；

T_n——最后一个施工过程流水节拍的总和。

【例 2-5】　某分部工程组织流水施工。已知：施工过程数 $m=4$，施工段数 $n=4$，流水节拍 $t_i=2\mathrm{d}$，试计算流水施工工期，并用横道图绘制流水施工进度计划。

【解】　①流水施工工期

$$T_{\mathrm{L}} = (m+n-1)t_i = (4+4-1) \times 2 = 14(\mathrm{d})$$

②用横道图绘制流水施工进度计划，如图 2-8 所示。

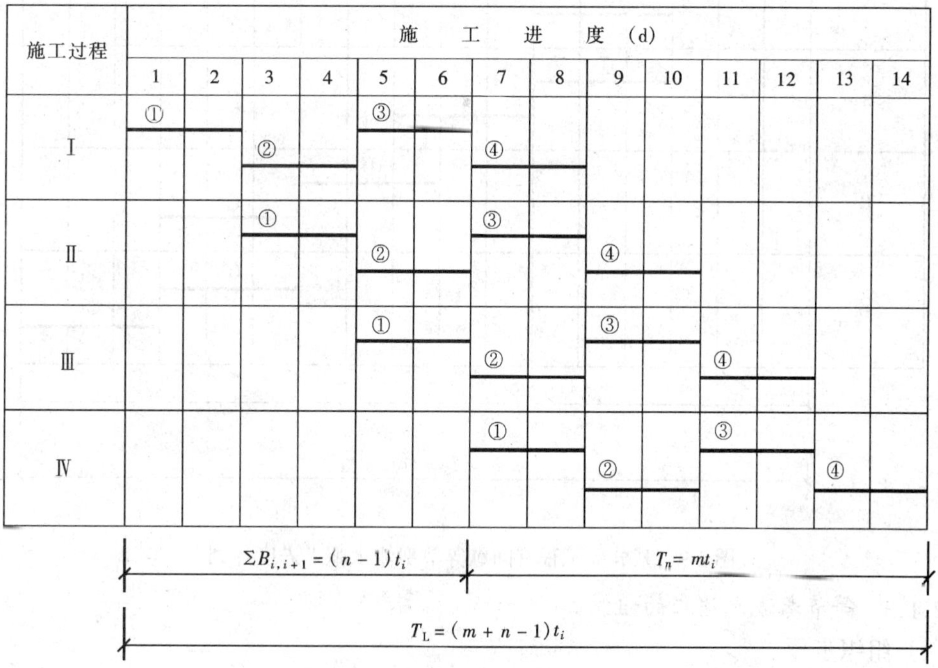

图 2-8　某分部工程无间歇等节奏流水施工进度计划

（3）有间歇等节奏流水步距的确定

$$B_{i,i+1} = t_i + t_j - t_{\mathrm{d}} \qquad (2\text{-}8)$$

式中　t_j——第 i 个施工过程与第 $i+1$ 个施工过程之间的间歇时间；

t_{d}——第 i 个施工过程与第 $i+1$ 个施工过程之间的搭接时间。

（4）有间歇等节奏流水施工工期计算

$$T_L = (n-1)t_i + mt_i + \Sigma t_j - \Sigma t_d$$

$$= (m+n-1)t_i + \Sigma t_j - \Sigma t_d \qquad \text{(2-9)}$$

式中　Σt_j——所有间歇时间总和；

　　　Σt_d——所有搭接时间总和。

【例2-6】　某分部工程有A、B、C、D四个施工过程，每个施工过程分两个施工段，流水节拍均为3d，B完成后停2d才能进行C过程，试组织等节奏流水施工。

【解】　（1）流水施工工期

$$T_L = (m+n-1)t_i + \Sigma t_j - \Sigma t_d$$

$$= (2+4-1) \times 3 + 2 - 0$$

$$= 17(d)$$

（2）用横道图绘制流水施工进度计划，如图2-9所示。

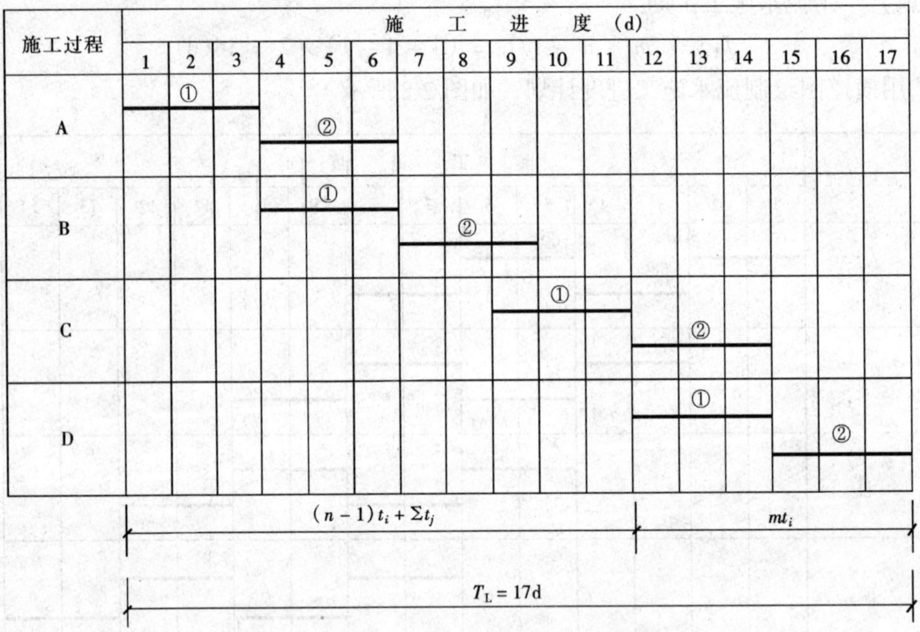

图2-9　某分部工程有间歇等节奏流水施工进度计划

2.1.3　等节奏流水施工的组织

（1）组织步骤

1）确定施工起点流向及施工过程；

2）确定施工顺序，划分施工段；

3）计算流水节拍；

4）确定流水步距；

5）计算流水施工工期；

6）绘制流水施工进度计划图表。

其中，划分施工段的要点如下：

（a）无层间关系（无施工层）时，$m = n$；

（b）有层间关系（有施工层）且无间歇时，$m = n$；

（c）有层间关系（有施工层）且有间歇时，$m > n$，m 可按下式计算：

间歇相等时，
$$m = n + \frac{\sum t_{j1}}{B} + \frac{t_{j2}}{B} \qquad (2\text{-}10)$$

间歇都不等时，
$$m = n + \frac{\max \sum t_{j1}}{B} + \frac{\max t_{j2}}{B} \qquad (2\text{-}11)$$

式中　t_{j1}——一个楼层内间歇时间；

t_{j2}——楼层间间歇时间。

其他符号同前。

（2）应用举例

【例 2-7】　某基础工程分解施工过程及其劳动量（工日）见表 2-2，已知施工段 $m = 2$，垫层混凝土和基础混凝土浇筑完成后均需 1d 养护时间，试在工期未定情况下组织全等节拍流水施工，并绘制施工进度计划图表。

某基础工程劳动量明细表 表 2-2

编　号	施　工　过　程	劳动量（工日）	施工队（组）人数
1	基槽挖土	182	（36）
2	混凝土垫层	28	
3	绑扎钢筋	26	（14）
4	浇筑基础混凝土	58	
5	砌基础墙	106	（18）
6	基槽回填土	50	（14）
7	室内回填土	30	

注：括号内数值是对题目求解后数值。

【解】　（1）确定施工过程

对已知的施工过程，可以根据劳动量等实际情况进行合并或分解，本题合并以后的施工过程为："基槽挖土、垫层"；"钢筋混凝土基础"；"砌基础墙"；"回填土"。

（2）划分施工段，本题目为已知条件 $m = 2$

（3）计算流水节拍

比较合并后施工过程的劳动量可知"基槽挖土、垫层"为主导施工过程（劳动量最大），根据现有该施工队（班组）人数或综合考虑流水节拍后，取 $R_i = 36$ 人，则

$$t_i = \frac{P_i}{R_i N_i} = \frac{182 + 28}{36 \times 1 \times 2} \approx 3(\text{d})$$

根据 $t_i = 3\text{d}$ 及公式 $R_i = \frac{P_i}{t_i N_i}$ 计算可得 $R_{混凝土基础} = 14$ 人，$R_{基础墙} = 18$ 人，$R_{回填土} = 14$ 人，并填入表 2-2 中。

（4）确定流水步距

$$B_{i,\,i+1} = t_i = 3\text{d}(\text{不含间歇时间})$$

（5）计算流水施工工期

$$T_L = (m + n - 1)t_i + \Sigma t_j - \Sigma t_d$$

$$= (2 + 4 - 1) \times 3 + 2 - 0$$

$$= 17(d)$$

6）绘制施工进度计划如图 2-10 所示。

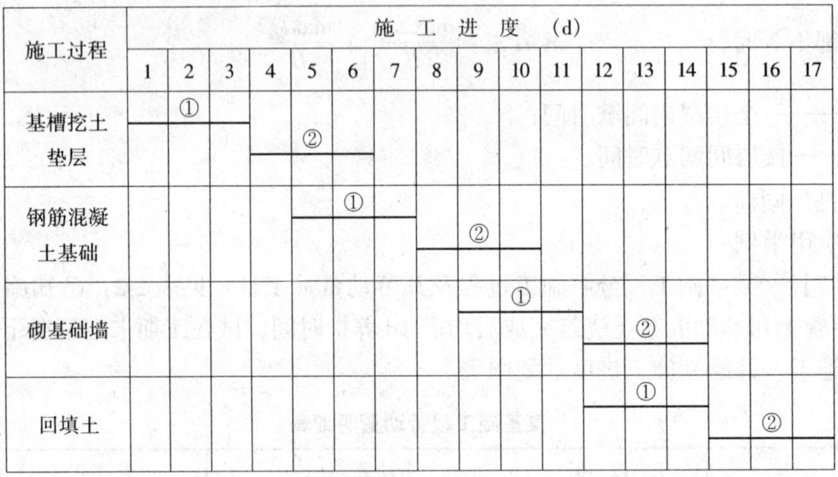

施工过程	施 工 进 度 （d）																
	1	2	3	4	5	6	7	8	9	10	11	12	13	14	15	16	17
基槽挖土垫层		①			②												
钢筋混凝土基础					①			②									
砌基础墙									①				②				
回填土													①		②		

图 2-10　等节奏（全等节拍）流水施工进度计划

2.2　异节奏流水施工

异节奏流水施工是指在有节奏流水施工中，各施工过程的流水节拍各自相等而不同施工过程之间的流水节拍不尽相等的流水施工。异节奏流水施工可分为异步距异节奏（拍）流水施工和成倍节拍流水施工两种方式。

2.2.1　异步距异节拍流水施工

异步距异节拍流水施工是指同一施工过程在各个施工段的流水节拍相等，不同施工过程之间的流水节拍不完全相等的流水施工方式，简称异节拍流水施工。

（1）异节拍流水施工的特点

1）同一施工过程流水节拍相等，不同施工过程流水节拍不完全相等。

2）各个施工过程之间的流水步距不完全相等。

异节拍流水施工适用于分部和单位工程流水施工，它允许不同施工过程采用不同的流水节拍，因此在进度安排上比全等节拍流水和成倍节拍流水灵活，实际适用范围更广泛。

（2）异节拍流水步距的确定

$$B_{i,i+1} = t_i \quad （当 \ t_i \leqslant t_{i+1} \ 时） \tag{2-12}$$

$$B_{i,i+1} = mt_i - (m-1)t_{i+1} \quad （当 \ t_i > t_{i+1} \ 时） \tag{2-13}$$

（3）异节拍流水施工工期计算

$$T_L = \Sigma B_{i,i+1} + mt_n + \Sigma t_{j1} - t_d \quad （当不分层时） \tag{2-14}$$

$$T_L = \Sigma B_{i,i+1} + mt_n + j\Sigma t_{j1} + (j-1)t_{j2} - \Sigma t_d \quad （当分层时） \tag{2-15}$$

式中　$\Sigma B_{i,i+1}$——所有施工过程间的流水步距之和；

$\quad\quad m$——施工段数；

$\quad\quad t_n$——最后一个施工过程的流水节拍；

$\quad\quad \Sigma t_{j1}$——一个施工层内的技术间歇时间之和；

$\quad\quad t_d$——搭接时间（层内）；

$\quad\quad j$——施工层数；

$\quad\quad t_{j2}$——相邻两施工层间的技术间歇时间；

$\quad\quad \Sigma t_d$——所有搭接时间之和。

【例 2-8】　某工程划分 A、B、C、D 四个施工过程，分三个施工段组织流水施工，各施工过程的流水节拍分别为 $t_A = 2d$，$t_B = 4d$，$t_C = 2d$，$t_D = 3d$，施工过程 B 完成后，需有 1d 的技术间歇时间，试求各施工过程之间的流水步距及该工程工期，并绘制施工进度计划图表。

【解】　（1）计算流水步距

$\because t_A < t_B$

$\therefore B_{A,B} = t_A = 2$（d）

$\because t_B > t_C$

$\therefore B_{B,C} = mt_B - (m-1) t_C = 3 \times 4 - (3-1) \times 2 = 8$（d）

$\because t_C < t_D$

$\therefore B_{C,D} = t_C = 2$（d）

（2）计算流水施工工期

$$T_L = \Sigma B_{i,i+1} + mt_n + \Sigma t_{j1} - t_d = (2 + 8 + 2) + 3 \times 3 + 1 - 0 = 22（d）$$

（3）绘制施工进度计划图表，如图 2-11（横道图）和图 2-12（斜线图）所示。

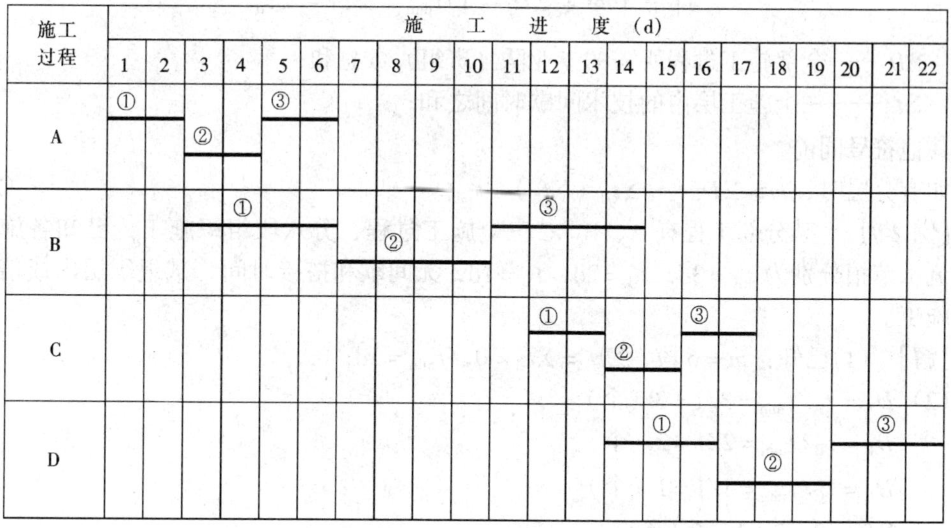

施工过程	施 工 进 度 （d）																					
	1	2	3	4	5	6	7	8	9	10	11	12	13	14	15	16	17	18	19	20	21	22
A																						
B																						
C																						
D																						

图 2-11　异节拍流水施工进度计划（横道图）

图 2-12 异节拍流水施工进度计划（斜线图）

2.2.2 成倍节拍流水施工

成倍节拍流水施工是指同一施工过程在各个施工段的流水节拍相等，不同施工过程之间的流水节拍不完全相等，但各个施工过程的流水节拍均为其中最小流水节拍的整数倍数的流水施工方式。

（1）成倍节拍流水施工的特点

1）同一施工过程在其各个施工段上的流水节拍相等，不同施工过程流水节拍等于或为其中最小流水节拍的整数倍数。

2）相邻专业队（班组）的流水步距等于其中最小的流水节拍。

3）每个施工过程的专业队（班组）数等于本过程流水节拍与最小流水节拍的比值，即：

$$D_i = \frac{t_i}{t_{\min}} \tag{2-16}$$

式中　D_i——某施工过程所需专业队（班组）数；

　　　t_i——该施工过程的流水节拍；

　　　$t_{\min}$——所有流水节拍中最小流水节拍。

（2）成倍节拍流水工期计算

$$T_{\mathrm{L}} = （mj + \Sigma D_i - 1）t_{\min} + \Sigma t_{j1} - \Sigma t_{\mathrm{d}} \tag{2-17}$$

式中　ΣD_i——全部施工过程所需的专业队（班组）数总和；

　　　Σt_{j1}——一个施工层内的技术间歇时间之和；

其他符号同前。

如有分层时，$m \geqslant \Sigma D_i + （\Sigma t_{j1} + \Sigma t_{j2}）/ t_{\min}$ \hfill (2-18)

【例 2-9】　某分部工程有 A、B、C 三个施工过程，分六段组织施工，已知各施工过程的流水节拍分别为 $t_{\mathrm{A}} = 3\mathrm{d}$，$t_{\mathrm{B}} = 2\mathrm{d}$，$t_{\mathrm{C}} = 1\mathrm{d}$，无间歇和搭接时间，试组织层内成倍节拍流水施工。

【解】　（1）已知：$m = 6$ 段，$\Sigma t_{j1} = \Sigma t_{\mathrm{d}} = 0$，$t_{\min} = 1\mathrm{d}$；

（2）$D_{\mathrm{A}} = t_{\mathrm{A}} / t_{\min} = 3/1 = 3$（个）

　　　$D_{\mathrm{B}} = t_{\mathrm{B}} / t_{\min} = 2/1 = 2$（个）

　　　$D_{\mathrm{C}} = t_{\mathrm{C}} / t_{\min} = 1/1 = 1$（个）

　　　$\Sigma D_i = 3 + 2 + 1 = 6$（个）

（3）求流水工期 T_{L}

$$T_L = (mj + \Sigma D_{i-1})\, t_{\min} + \Sigma t_{j1} - \Sigma t_d$$
$$= (6 \times 1 + 6 - 1) \times 1 + 0 - 0$$
$$= 11 \ (d)$$

(4) 绘制施工进度计划图表如图 2-13 所示。

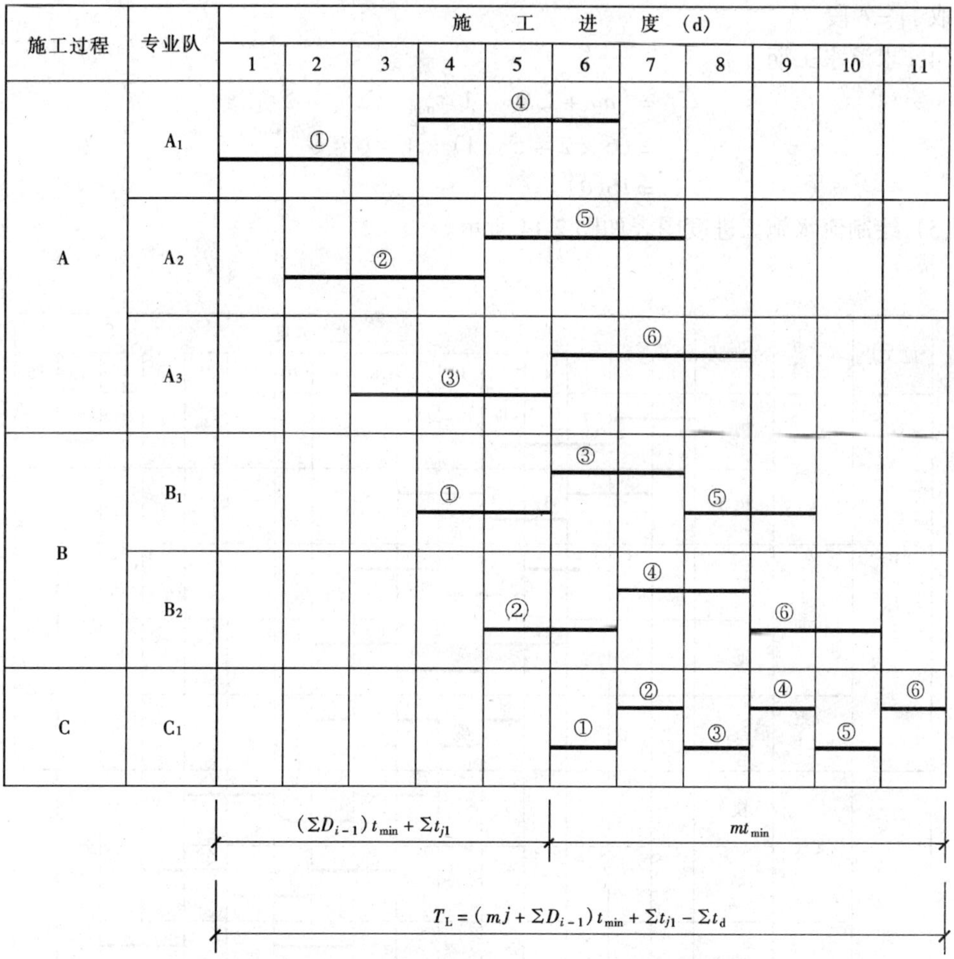

施工过程	专业队	施 工 进 度 (d)										
		1	2	3	4	5	6	7	8	9	10	11
A	A₁		①		④							
	A₂			②		⑤						
	A₃			③			⑥					
B	B₁				①		③		⑤			
	B₂					②		④		⑥		
C	C₁						①	②	③	④	⑤	⑥

图 2-13 成倍节拍流水施工进度计划

【例 2-10】 已知某两层现浇钢筋混凝土工程，有安装模板、绑扎钢筋和浇注混凝土三个施工过程，其流水节拍分别为 $t_模 = 2d$，$t_筋 = 2d$，$t_{混凝土} = 1d$。当安装模板专业队转移到第二层第一段施工时，需待第一层第一段混凝土养护 1d 后才能进行。试组织成倍节拍流水施工。

【解】 (1) $t_{\min} = 1d$

(2) $D_模 = t_模 / t_{\min} = 2/1 = 2$（个）

$D_筋 = t_筋 / t_{\min} = 2/1 = 2$（个）

$D_{混凝土} = t_{混凝土} / t_{\min} = 1/1 = 1$（个）

$\Sigma D_i = 2 + 2 + 1 = 5$（个）

(3) 求施工段数

$$m \geqslant \Sigma D_i + (\Sigma t_{j1} + t_{j2})/t_{\min}$$
$$= 5 + (0 + 1)/1$$
$$= 6(段)$$

取 $m = 6$ 段

(4) 求流水工期

$$T_L = (mj + \Sigma D_i - 1)t_{\min} + \Sigma t_{j1} - \Sigma t_d$$
$$= (6 \times 2 + 5 - 1) \times 1 + 0 - 0$$
$$= 16(d)$$

(5) 绘制流水施工进度图表如图 2-14 所示。

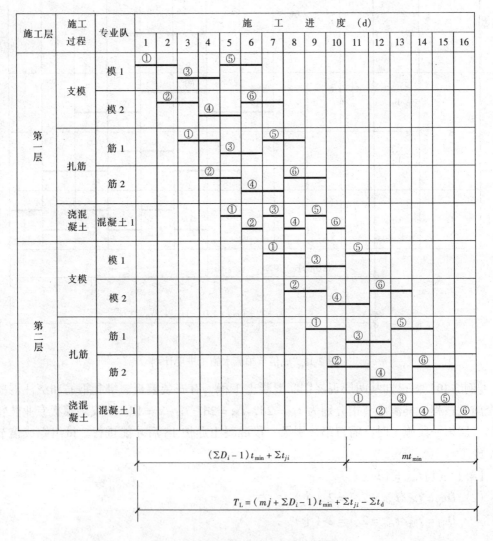

图 2-14　成倍节拍流水施工进度计划

课题 3 无节奏流水施工

无节奏流水施工是指在组织流水施工时，全部或部分施工过程在各个施工段上的流水节拍不完全相等的一种流水施工方式。

在实际工程施工中，通常每个施工过程在各个施工段上的工程量彼此不等，各专业队的生产效率相差较大，导致大多数的流水节拍也彼此不相等，不可能组织成等节奏流水或异节奏流水施工。在这种情况下，往往利用流水施工的基本概念，在保证施工工艺、满足施工顺序要求的前提下，按照一定的计算方法，确定相邻专业队之间的流水步距，使其在开工时间上最大限度地合理地搭接起来，每个专业队都能连续施工。这种无节奏流水施工方式也叫非节奏流水施工，是流水施工的普遍形式。

3.1 无节奏流水施工的特点

无节奏流水施工具有下列特点：
（1）各个施工过程在各个施工段上的流水节拍不完全相等；
（2）在多数情况下，流水步距彼此不相等；
（3）各专业队都能连续施工，个别施工段可能有空闲；
（4）专业队数等于施工过程数。

3.2 无节奏流水施工参数的确定

3.2.1 流水步距的确定

在无节奏流水施工中，一般采用"累加数列法"计算流水步距，即"累加求和、错位相减、取大差作为相邻两施工过程的流水步距"的方法，简称"大差法"。由于这种方法是由潘特考夫斯基（译音）首先提出的，所以又称潘特考夫斯基法。这种方法简捷、准确，便于掌握，具体计算步骤如下：
（1）根据专业队在各施工段上的流水节拍，求累加数列；
（2）根据施工顺序，对所求相邻的两累加数列，错位相减；
（3）根据错位相减的结果，确定相邻专业队之间的流水步距，即相减结果中数值最大者。

【例 2-11】 某工程由 A、B、C、D 四个施工过程分别由相应的四个专业队完成，划分四个施工段进行流水施工，其流水节拍（d）见表 2-3，试确定流水步距。

表 2-3

流水节拍（d）　　施工段　　施工过程	①	②	③	④
A	2	3	2	1
B	3	4	3	4
C	3	2	2	3
D	2	2	1	2

【解】 (1)求各施工过程流水节拍的累加数列：

A: 2, 5, 7, 8

B: 3, 7, 10, 14

C: 3, 5, 7, 10

D: 2, 4, 5, 7

(2) 错位相减求得差数列：

A 与 B：　　2, 5, 7, 　8

　　　－)　　　　3, 7, 　10, 　14

　　　　　　2, 2, 0, －2, －14

B 与 C：　　3, 7, 10, 14

　　　－)　　　　3, 　5, 7, 　10

　　　　　　3, 4, 5, 7, －10

C 与 D：　　3, 5, 7, 10

　　　－)　　　　2, 4, 5, 　7

　　　　　　3, 3, 3, 5, －7

(3) 在差数列中取最大值求得流水步距：

A 与 B 的流水步距：$B_{A,B} = \max\ [2, 2, 0, -2, -14] = 2$ (d)

B 与 C 的流水步距：$B_{B,C} = \max\ [3, 4, 5, 7, -10] = 7$ (d)

C 与 D 的流水步距：$B_{C,D} = \max\ [3, 3, 3, 5, -7] = 5$ (d)

3.2.2　流水施工工期的确定

流水施工工期可按下式计算：

$$T_L = \Sigma B_{i,i+1} + \Sigma t_n + \Sigma t_j + \Sigma t_z - \Sigma t_d \qquad (2\text{-}19)$$

式中　T_L——流水施工工期；

$\Sigma B_{i,i+1}$——相邻施工过程（或专业队）之间流水步距之和；

Σt_n——最后一个施工过程（或专业队）在各施工段流水节拍之和；

Σt_j——技术间歇时间之和；

Σt_z——组织间歇时间之和；

Σt_d——搭接（或插入）时间之和。

3.3　无节奏流水施工的组织

3.3.1　无节奏流水施工的组织步骤

无节奏流水施工的组织步骤如下：

(1) 确定施工流向及施工过程；

(2) 划分施工段；

(3) 计算流水节拍；

(4) 计算流水步距；

(5) 计算流水施工工期；

(6) 绘制流水施工进度计划图表。

3.3.2 无节奏流水施工应用举例

【例2-12】 现有 A、B、C、D 四个构筑物基础工程，施工过程为：支模、扎筋、浇混凝土三个，各施工过程流水节拍（单位：周）见表2-4，试组织无节奏流水施工。

表2-4

流水节拍（周）施工段 施工过程	A	B	C	D
支　模	2	3	2	2
扎　筋	4	4	2	3
浇混凝土	2	3	2	3

【解】 (1)确定施工流向为 A→B→C→D，施工段数 $m = 4$

(2) 确定施工过程数 $n = 3$（即支模、扎筋、浇混凝土）

(3) 求流水步距

$$
\begin{array}{r}
2,\ 5,\quad 7,\quad 9 \\
-)\quad\ \ 4,\quad 8,\quad 10,\quad 13 \\
\hline
2,\ 1,\ -1,\ -1,\ -13
\end{array}
$$

$B_{模、筋} = \max\ [2,\ 1,\ -1,\ -1,\ -13] = 2$（周）

$$
\begin{array}{r}
4,\ 8,\quad 10,\quad 13 \\
-)\quad\ \ 2,\quad 5,\quad 7,\quad 10 \\
\hline
4,\ 6,\ 5,\ 6,\ -10
\end{array}
$$

$B_{筋、混凝土} = \max\ [4,\ 6,\ 5,\ 6,\ -10] = 6$（周）

(4) 计算流水施工工期

$$T_L = \Sigma B_{i,\,i+1} + \Sigma t_n + \Sigma t_j + \Sigma t_z - \Sigma t_d$$
$$= (2 + 6) + 2 + 3 + 2 + 3 + 0 + 0 - 0 = 18 (周)$$

(5) 绘制流水施工进度计划图表如图 2-15 所示。

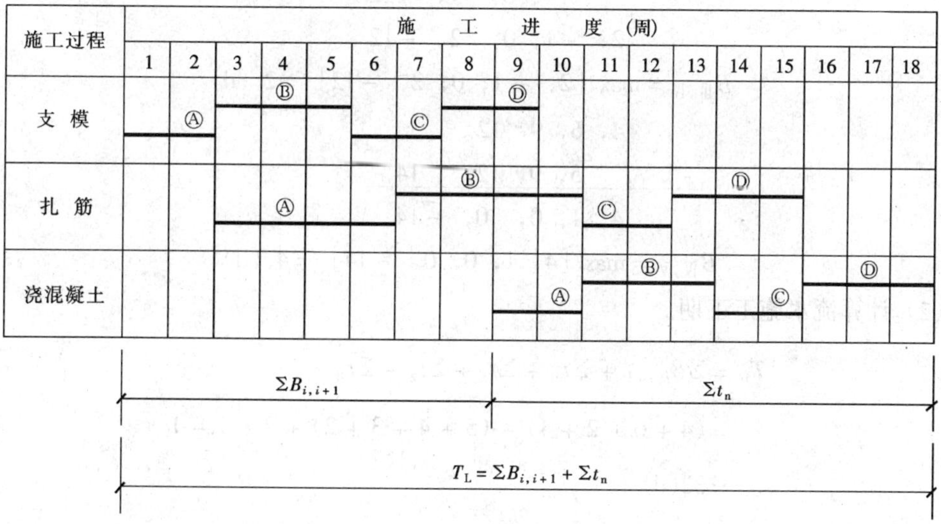

图 2-15　基础工程流水施工进度计划

【例 2-13】 某工程有Ⅰ、Ⅱ、Ⅲ、Ⅳ、Ⅴ五个施工过程，划分四个施工段，每个施工过程在各个施工段上的流水节拍见表 2-5。已知施工过程Ⅱ完成后，其相应施工段至少养护 2d；施工过程Ⅲ完成后，其相应施工段要留有 1d 的准备时间，施工过程Ⅰ与Ⅱ之间允许搭接施工 1d，试组织无节奏流水施工。

表 2-5

流水节拍（d） 施工段 施工过程	①	②	③	④
Ⅰ	3	2	2	4
Ⅱ	1	3	5	3
Ⅲ	2	1	3	5
Ⅳ	4	2	3	3
Ⅴ	5	4	3	2

【解】（1）确定流水步距

$$
\begin{array}{r}
3,\ 5,\ 7,\ 11 \\
-)\ \ \ \ 1,\ 4,\ 9,\ \ \ \ 12 \\
\hline
3,\ 4,\ 3,\ 2,\ -12
\end{array}
$$

$B_{Ⅰ,Ⅱ} = \max\ [3,\ 4,\ 3,\ 2,\ -12] = 4$ （d）

$$
\begin{array}{r}
1,\ 4,\ 9,\ 12 \\
-)\ \ \ \ 2,\ 3,\ 6,\ \ \ 11 \\
\hline
1,\ 2,\ 6,\ 6,\ -11
\end{array}
$$

$B_{Ⅱ,Ⅲ} = \max\ [1,\ 2,\ 6,\ 6,\ -11] = 6$ （d）

$$
\begin{array}{r}
2,\ \ \ 3,\ 6,\ 11 \\
-)\ \ \ \ \ \ 4,\ 6,\ 9,\ \ \ \ 12 \\
\hline
2,\ -1,\ 0,\ 2,\ -12
\end{array}
$$

$B_{Ⅲ,Ⅳ} = \max\ [2,\ -1,\ 0,\ 2,\ -12] = 2$ （d）

$$
\begin{array}{r}
4,\ 6,\ 9,\ 12 \\
-)\ \ \ \ 5,\ 9,\ 12,\ \ \ \ 14 \\
\hline
4,\ 1,\ 0,\ 0,\ -14
\end{array}
$$

$B_{Ⅳ,Ⅴ} = \max\ [4,\ 1,\ 0,\ 0,\ -14] = 4$ （d）

（2）计算流水施工工期

$$T_L = \Sigma B_{i,\,i+1} + \Sigma t_n + \Sigma t_j + \Sigma t_z - \Sigma t_d$$

$$= (4 + 6 + 2 + 4) + (5 + 4 + 3 + 2) + 2 + 1 - 1$$

$$= 32\,(\text{d})$$

（3）绘制流水施工进度计划图表，如图 2-16 所示。

38

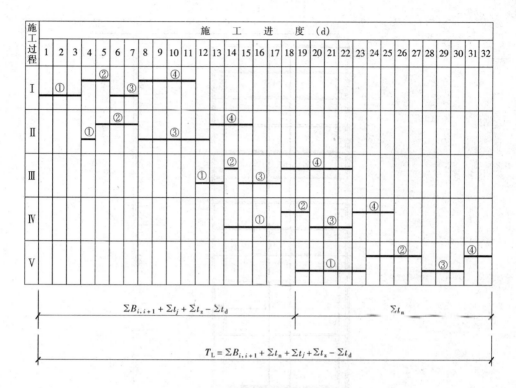

图 2-16　流水施工进度计划

课题4　流水施工案例分析

本工程为一大模板（内浇外挂）高层住宅，由三个单元组成，呈一字形，设两道变形缝，建筑物总长 147.52m，宽 12.46m，总高 43.58m，建筑面积 29700m²，每个单元设两个楼梯和两部电梯，其单元标准层平面如图 2-17 所示，住宅剖面图如图 2-18 所示。

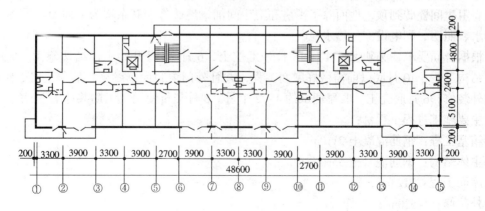

图 2-17　单元标准层平面图

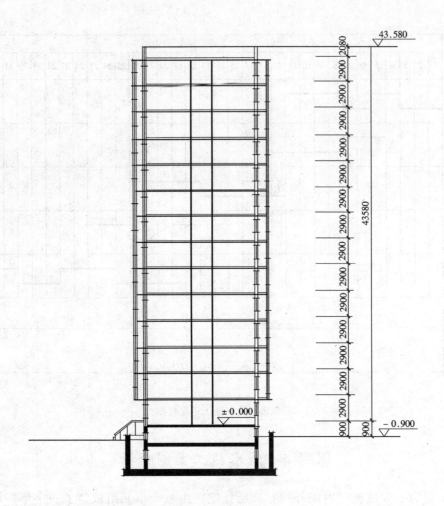

图 2-18　住宅剖面图

地下为箱形基础兼设备层，底板厚 50cm，外墙厚 28cm，内纵横墙厚为 20cm（18cm）；地面以上外墙为预制挂板，纵横内墙为现浇钢筋混凝土墙，墙厚为 20cm（18cm），混凝土强度等级为 C25，外墙面装饰为弹涂，屋面为卷材防水两道设防，内墙面和顶棚刮腻子，厨房、卫生间瓷砖到顶，地面除了厨房和卫生间铺设地砖外，其余均为毛地面。采用一般给排水、照明、配电设施、热水地暖。

根据合同要求，必须保证 4 月 15 日开工挖土，6 月 20 日开始主体结构施工，9 月底完成结构工程，10 月底以前需做好屋面工程，并且外门窗封闭（冬施内装修）。次年 3 月份做外装修，6 月底完工。收尾调试约 1~2 个月。8 月交付使用，工期共计 17 个月。

主要施工过程工程量：

箱基工程：钢筋混凝土 2110m³；

主体结构：钢筋混凝土 5330m³；

屋面工程：2128m²；

外装修：14520m²；

内装修：35610m²。

施工中工作日可按公式 $t_i = \dfrac{p_i}{R_i N_i}$ 计算（符号同前，计算略）。

垂运机械选用按式（2-20）计算确定。

$$N = \frac{Q}{T \cdot B \cdot K \cdot S} \qquad (2\text{-}20)$$

式中　N——所用起重机台数；

　　　Q——主体工程要求的最大施工强度，本工程为 2064 吊次，详见表 2-6；

　　　T——工期，按主体结构施工控制进度要求，取每层 4d；

　　　B——每日工作班次，取 $B = 2$；

　　　K——时间利用系数，取 $K = 0.9$；

　　　S——起重机台班产量定额，取 $S = 100$ 吊/台班。

从而 $N = \dfrac{2064}{4 \times 2 \times 0.9 \times 100} = 3$（台）

选三台塔式起重机布置在住宅楼北侧，各负责一个单元（施工区段）的吊运施工。施工区段划分如图 2-19 所示。

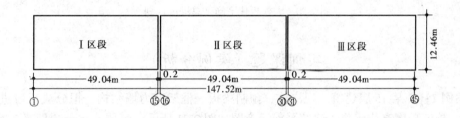

图 2-19　施工区段划分

主体结构施工时，每个单元（施工区段）再分成四个施工段，三个单元同时施工，采用自西向东方向流水施工。

每 层 工 程 量 吊 次　　　　　　　　　　表 2-6

塔吊项目	工程量		单元标准层吊次	塔吊项目	工程量		单元标准层吊次
	单位	数量			单位	数量	
横墙混凝土	m³	234		通风道、垃圾道	根	39	
纵墙混凝土	m³	105	951	楼梯板	件	24	68?
板缝混凝土	m³	24		钢筋片	片	144	18
外墙壁板	块	114		钢模板	吊次		288
隔断墙板	块	114	687	其他案例网架	吊次		120
楼板、阳台	块	196		总吊次	吊次		2064

从工程实际和教学进度出发，安排主要工程进度总计划基础工程从西向东进行，主体结构按三区段（分四个施工段）独立流水，各区段由综合队完成施工任务，内外装修均采取三区段同时由上向下进行，施工进度总计划如图 2-20 所示。

主要施工过程工程量	单位	实物量	计划工日	平均工日	进度计划（月）																
					4	5	6	7	8	9	10	11	12	1	2	3	4	5	6	7	8
箱基工程	m³	2100	11090	185																	
主体结构工程	m³	5330	27450	308																	
屋面工程	m³	2128	1435	48																	
外装修	m³	14520	5960	66																	
内装修	m³	35610	58120	214																	
水电暖卫工程			14960	36																	
外线工程			3680	30																	
其他收尾			4750	28																	

$T_L = 17$（月）

图 2-20　大模板住宅施工总进度计划

实训课题（案例分析）

【**案例 1**】　某 15 层建筑，现浇柱、预制梁板、框架剪力墙结构。拟分成三段进行流水施工，施工顺序有待优化，建筑平面示意图如图 2-21 所示，每层流水节拍见表 2-7。

一段	二段	三段

图 2-21　建筑平面示意图

每 层 流 水 节 拍　　　　　　　　　　表 2-7

序　号	施工过程	流水节拍（d）		
		一段	二段	三段
1	柱	2	1	3
2	梁	3	3	4
3	板	1	1	2
4	节点	3	2	4

请分析与解答：

（1）无节奏流水施工的特点？

（2）组织每层无节奏流水施工并绘制流水施工进度计划图表。

【**案例 2**】　本工程为大模板全现浇剪力墙结构高层住宅楼，平面示意图如图 2-22 所示。已知建筑面积 6248m²，地上 14 层，地下有半地下室和管道层，顶层设机房及水箱间，

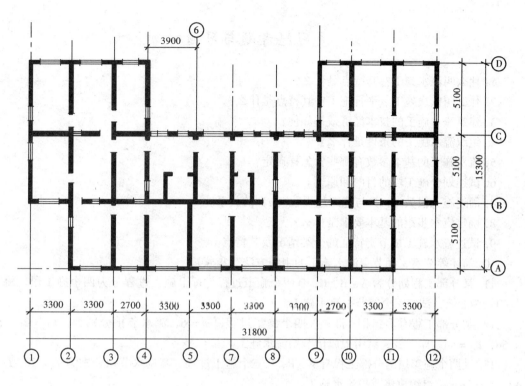

图 2-22 建筑平面示意图

标准层高 2.9m，总高 44.30m。

基础为钢筋混凝土箱形基础。外墙 28cm 厚，C25 现浇钢筋轻质混凝土；内墙为 16cm 厚普通混凝土：1～5 层为 C30 混凝土，6 层以上为 C20 混凝土。楼板为预应力空心板，楼梯、阳台、隔墙板均为预制，现浇电梯井。

外墙为铝合金门窗，室内为木门铝合金窗，屋面为卷材防水两道设防，外墙面装饰为彩涂，内墙面刮腻子。细石混凝土毛地面，综合进度计划如图 2-23 所示。

项　　目	进　　度　　(d)														
	20	40	60	80	100	120	140	160	180	200	220	240	260	280	300
地下工程															
主体结构															
内装饰准备															
室内地面															
室内装饰															
水　电															
屋面工程															
外装饰															
室外工程															

图 2-23 综合进度计划

请结合所在地区实际，在教师指导下对本案例进行进一步分析、评价和补充。

复习思考题与习题

1. 什么叫流水施工？其特点是什么？
2. 什么叫依次施工、平行施工？其特点是什么？
3. 建筑流水施工的技术经济效果如何？
4. 组织流水施工的条件是什么？
5. 流水施工的基本参数有哪些？怎样确定？
6. 试述划分施工段的目的和原则。
7. 简述施工段数（m）与施工过程数（n）的关系。
8. 确定流水步距的基本要求是什么？
9. 试述流水施工按节奏特征的分类情况及其特点。
10. 简述等节奏、无节奏流水施工的组织方法（步骤）。
11. 某分部工程划分为 A、B、C、D 四个施工过程，每个施工过程分为四个施工段，流水节拍均为 3 天，试组织全等节拍流水施工。
12. 某分部工程有Ⅰ、Ⅱ、Ⅲ、Ⅳ四个施工过程，$m = 6$，流水节拍分别为：$t_Ⅰ = 2d$，$t_Ⅱ = 6d$，$t_Ⅲ = 4d$，$t_Ⅳ = 2d$，试组织成倍节拍流水施工。
13. 某两个施工层的分部工程有 A、B、C 三个施工过程，其流水节拍分别为 $t_A = 2d$，$t_B = 4d$，$t_C = 2d$，试组织成倍节拍流水施工。
14. 某分部工程由Ⅰ、Ⅱ、Ⅲ三个施工过程，分三段组织施工，已知 $t_Ⅰ = 2d$，$t_Ⅱ = 4d$，$t_Ⅲ = 3d$，试组织异节拍流水施工。
15. 某工程已知数据见表 2-8，请计算流水步距和工期，并绘制流水施工进度计划图表。

表 2-8

流水节拍（d）施工段 施工过程	①	②	③	④
A	4	2	1	4
B	2	3	2	3
C	2	3	2	3
D	1	4	3	1

44

单元 3 网 络 计 划 技 术

知 识 点： 网络图；单代号网络图；双代号网络图；建筑施工网络图的绘制；应用软件介绍。

教学目标： 通过教学，使学生初步了解网络计划技术的概念和应用，会进行简单施工网络图的绘制并初步掌握应用软件的使用。

课题 1 网 络 计 划 概 述

1.1 发 展 历 史

网络计划技术作为一种有效的组织管理方法在 20 世纪中叶应运而生。它的产生，改变了使用横道图难以表达施工进度计划中复杂的逻辑关系的局面，其使用价值已得到世界各国工程界的公认。

1957 年在美国向知识经济开始转变之时，杜邦公司推出了以计算机应用为主要特征的 CPM（关键线路法）网络计划技术，同时美海军部也推出 PERT（计划评审与协调技术）网络计划技术，推动了工程进度计划技术的迅速发展。以后世界各地在建筑业不断推出工程网络计划技术的一些新的模式，如图形评审与协调技术（GERT）、随机网络计划技术（QPERT）、风险网络计划技术（VERT）、决策关键线路法（DCPM）、搭接网络计划技术（如 MPM、BKN）等。在世界网络计划技术发展的带动下，我国在 20 世纪 60 年代，由华罗庚倡导，开始在工程等一些领域应用。一直到 1991 年，我国发布了《工程网络计划技术规程》（JGJ/T1001—91）行业标准，1992 年发布了《网络计划技术》（GB/T—13400.1～3）国家标准（包括术语、画法和应用程序），2000 年又发布了《工程网络计划技术规程》（JGJ/T121—99）取代了（JGJ/T 1001—91）行业标准。这些标准促进了工程进度计划领域科学研究理论的发展，推动了网络计划技术在工程实际上的应用。

网络计划技术与系统工程、目标管理、控制理论一样都是适用于建筑工程计划管理核心工具，而且由于目前在网络计划技术和计算机联合应用上也有长足的发展，在国内的很多大、中型项目上均得到采用，取得良好的经济效果，同时网络计划技术也广泛用于工业、农业、国防和科学研究等各个领域的计划管理。

本书将以 1992 年颁布的国家标准《网络计划技术》（GB/T 13400·1—13400·3—92）和中国建筑学会建筑统筹管理分会主编的《工程网络计划技术规程（JGJ/T 121—99）》为依据，以关键线路法（CPM）为主，介绍网络计划的编制方法和规则，叙述各种时间参数的计算方法，进而阐述网络计划优化的基本概念。

1.2 施工进度计划表示的两种基本方法

1.2.1 横道图

横道图就是在时间坐标上，以横线条的长度和位置表示各工作的先后顺序和相互间的逻辑关系的图形（详见单元2）。

1.2.2 网络图

网络图是指由箭线与节点组成，用以表示工艺流程的有向有序的网状图形。

网络图是建立在网络模型的基础上的由箭线和节点组合而成的网状图形，在网络图上加注经计算的工作的各种时间参数而编制成的进度计划，即称为网络计划。

用网络计划对工程的施工进度进行设计、编排和控制，以保证实现预期确定的目标。这种科学的计划管理技术，称之为网络计划技术。

网络计划技术的基本原理为：应用网络图形表示某项工程的各施工过程的先后施工顺序和彼此间的逻辑关系；通过对网络图进行各种时间参数的计算，寻求网络计划中的关键工作和关键线路；通过不断地修正和改进网络计划，选出最佳的进度计划方案；在此基础上对工程进度进行有效的协调、监督、控制，保证能合理地使用人力、财力和物力，以求用最小的消耗取得最大的经济效果。

1.2.3 横道图与网络图的优缺点比较

与横道图相比，网络计划具有其独特的优点。

(1) 网络计划具有逻辑关系严谨，便于科学的统筹规划；

(2) 能全面、准确地表达出各施工过程之间的先后顺序以及相互依存、相互制约的逻辑关系；

(3) 可按数学模型计算各时间参数，在错综复杂的工程计划中找出决定工程进度的关键工作，便于管理人员进行有效的组织与协调，进行重点的管理；

(4) 能从诸多的可行的计划方案中，择出最佳方案；

(5) 可在执行计划和组织施工的过程中，及时地进行调整与变更，以满足施工现场进行动态管理的需要；

(6) 可以利用在网络计划中存在于诸多工作间的机动时间，以有效地调配劳力、材料和机具，达到均衡地配置资源需用量的目的；

(7) 能充分利用计算机进行工程的计划管理。

事实上网络计划也还存在着若干不足之处，如：初学者掌握该技术有一定困难，对标时网络图确定资源需用量的直观与简便方面也有一定困难。但网络计划的应用前景是光明的。

1.3 《工程网络计划技术规程》（JGJ/T 121—99）简介

为使用工程网络计划技术在工程计划编制与控制的实际应用中遵循同一的技术规程，做到概念正确、技术原则一致和表达方式统一，以保证计划管理的科学性，在《工程网络计划技术规程》（JGJ/T 1001—91）的基础上，进行修订和完善，而发布《工程网络计划技术规程》（JGJ/T 121—99）。该技术规程在1001规程7章22节107条的情况下，增加了1章2节65条，而为8章24节172条，采用了国际上习惯的编号方式和符号标识方法，取消了现在很少使用的有时限网络计划，增加了应用日益增多的单代号搭接网络计划，修改和校正了规程中重复性和不正确内容，修改和定义了相关术语，并修改了单代号网络计划的时间参数计算程序，这次修订使新规程提升了水平，满足了新的需要。

课题2 双代号网络图

网络图根据表示方法不同，分为双代号网络图与单代号网络图两种。分别如图 3-1、图 3-2 所示。

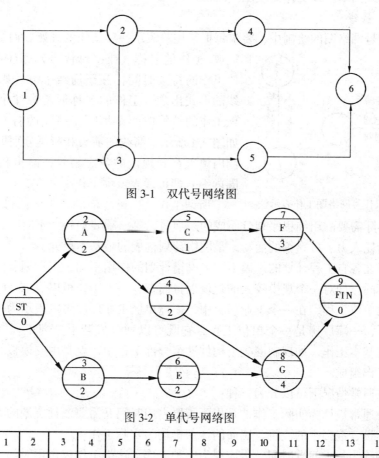

图 3-1　双代号网络图

图 3-2　单代号网络图

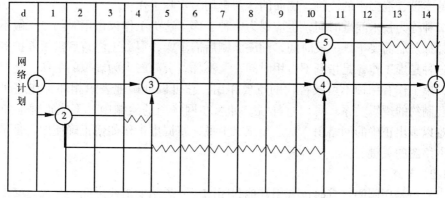

图 3-3　双代号时标网络计划

47

根据有无时间坐标分类，网络图可按其箭线的长度是否按照时标坐标刻度表示而划分成时间坐标网络计划（简称"时标网络计划"）和标注时间网络计划（简称"标时网络计划"或"无时标网络计划"）两种类型图形。如图3-3所示。

2.1 双代号网络图的组成和相关概念

双代号网络图即以箭线及其两端节点的编号表示工作的网络图。在双代号网络图中箭线、节点、编号、线路与关键线路是其基本组成部分。该种网络图以箭线表示工作，故也可称为箭线式网络图或工作流线图。

2.1.1 箭线

在双代号网络图的绘制中，要求每根箭尾只表示一项工作的开始，而箭头表示工作的完成。工作的名称（或字母代号）标注在箭线之上方，该工作的持续时间标注于箭线下方。如果箭线以垂直线的形式出现，工作的名称通常标注于箭线左方，而该工作的持续时间则填写于箭线的右方。其表示方法如图3-4所示。箭线的箭头和箭尾分别填上圆圈，在圆圈内填入符合规定的数字编号，箭头和箭尾的两端圆圈内编号即可代表该项工作。

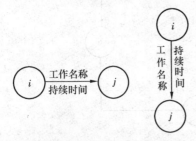

图3-4 双代号网络图工作表示法

所谓工作（也可称活动、工序或过程），是指把计划任务按实际需要的粗细程序划分而成的子项目，是一项要消耗一定时间，而且大多数情况下也要消耗人力、材料等的活动，是网络计划构成的最基本单元。

由于所在各自工程计划的规模不同，网络计划的作用不同，工作划分的粗细不同，大小范围也不同。如对一个规模较大的建设项目而言，一项工作可以表示一幢建筑物或构筑物所形成的单位工程，在一个工业项目中，一幢单层工业厂房可以表示为一个工作；而在一般情况下，一幢厂房是一个单位工程，它既可以划分成若干分部工程（或分项工程），也可划分成基本工作，如现制混凝土构件这个分部工程中，就是由支模板、绑钢筋、浇筑混凝土等工作组成。

工作在通常情况下可以分为三种：

第一种通常被称为实际工作，是指既需要占用时间又需要消耗资源的大多数工作，比如模板的支设、混凝土的浇筑、墙面的抹灰等均为实际工作；

第二种称为技术间歇时间，也应视为一种工作。这类工作仅占用时间，一般不耗费资源，比如抹灰后需要干燥一段时间，油漆涂刷后需干燥，混凝土浇筑后需要养护等；

第三种是虚工作，是指既不占用时间，又不耗费资源的人为虚拟的工作，在双代号网络图中，虚工作有一种不可被替代的重要作用，它可以准确地表示相邻工作之间相互依存、相互制约的逻辑关系。可以这样说，如果在网络图的绘制中，不能正确地使用虚工作，就难以画出正确的网络图。从这个意义上说，掌握虚工作如何正确使用，是学会绘制双代号网络图的关键。

2.1.2 节点

节点一般是用圆圈（有时也有用其他封闭图形）表示的箭线之间的分离与交汇的连接点，是网络图的基本组成部分之一。

在双代号网络图中，节点表示一项工作的结束和另一项活动开始的瞬间，具有承上启下的衔接作用，它不占用时间也不耗费资源。

对于一项工作而言，箭尾节点称为开始节点；箭头节点称为结束节点。对有搭接关系的工作不能从箭线上直接派生箭线，而若需增加箭线则应增加节点。在双代号网络图中，节点可以分为起点节点、中间节点和终点节点，如图3-5所示。

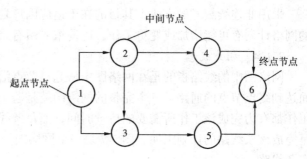

图 3-5　网络图中各节点表示图

起点节点是网络图中的第一个节点，表示一项工程（项目）的开始。它具有以下特点：

（1）在网络图诸节点中编号最小；

（2）无内向箭线（箭头指向该节点箭线称为内向箭线或指向箭线）；

（3）无任何紧前工作和先行工作，在一个网络图中，只应有一个起点节点。

终点节点是网络图中最后一个节点，表示一项工程（项目）计划的完成。其特点是：

（1）无外向箭线（即箭尾自此节点发出的箭线的称为外向箭线或发出箭线）；

（2）终点节点后无紧后工作和后继工作，而且其在整个网络图中为最大编号。一般情况下，只应有一个终点节点。

中间节点，是指在一个网络图中除了起点节点和终点节点以外的其余节点。其特点如下：

（1）节点编号小于终点节点而大于起点节点；

（2）每个中间节点既有内向箭线又有外向箭线，既有紧前工作和先行工作，又有紧后工作和后继工作；

（3）中间节点既表示某项工作开始的瞬间，又表示该项工作的各紧前工作结束的瞬间。属于中间节点的在网络图中为大多数，这些节点的共用与分离，可以表示各种错综复杂的逻辑关系。

2.1.3　节点编号

网络图中每个节点均有独自的编号，并且可以根据编号检查网络图绘制的正确与否。

编号应以阿拉伯数字编排，习惯上沿着箭线方向，从起点节点开始向终点节点从左往右、从小到大依次编排，如图3-6所示。

对于一个网络图而言，编号的数码可以有间隔编号，便于增添调整。但对同一个网络

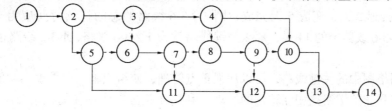

图 3-6　双代号网络图编号示意图

图而言，不能有重复编号。在网络图中，对于每根箭线，其箭头编号节点一定要大于箭尾节点编号。

采用非连续编号的方法，其目的在于适应因计划变化而不断调整的需要，考虑到编制的网络计划有可能增加或变更工作，以使编号留有余地。

2.1.4 相关概念

网络图中的线路指的是在网络图中从起点节点沿箭线方向顺序通过一系列箭线和节点而达到终点节点的通路。一个完整的网络图就是若干条线路组合而成。每一条线路上各项工作都有为完成该工作所需要的持续时间，而每条线路上各项工作的持续时间之和，也就是完成该条线路的计划工期。图 3-7 是一个网络图，这个网络图虽然仅有 6 个节点，却有多条线路。

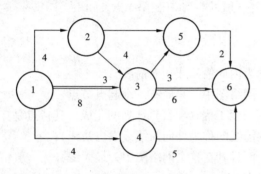

图中各条线路的计算工期分别为：

1-2-5-6 为 4 + 4 + 2 = 10 天；

1-2-3-6 为 4 + 3 + 6 = 13 天；

1-3-5-6 为 8 + 3 + 2 = 13 天；

1-2-3-5-6 为 4 + 3 + 3 + 2 = 12 天；

1-3-6 为 8 + 6 = 14 天；

1-4-6 为 4 + 5 = 9 天。

图 3-7 网络图的线路与关键线路

网络图中的关键线路是网络图的诸多线路中，位于其上的各工作总的持续时间最长的线路。位于关键线路上的工作即是关键工作。关键工作完成的快慢将直接影响整个计划工期的实现。关键线路在网络图上宜用粗箭线、双箭线或彩色线较鲜明地标注，使人们一目了然。

总的持续时间短于关键线路却长于其他诸线路的线路称为次关键线路，其余的线路均称为非关键线路。如图 3-7 所示，1-3-6 为关键线路，时间需 14 天；1-2-3-6，1-3-5-6 则为次关键线路，时间需 13 天。

关键线路在一个网络图上可能同时存在若干条，但至少有一条，当然，关键线路并非一成不变的。由于技术上或组织上的原因，关键线路上各工作的总的持续时间可能提前，或者次关键线路乃至非关键线路上的工作可能出现较大的推迟，关键线路和非关键线路（主要是次关键线路）可能发生转化，原来的关键线路变成非关键线路，原来的非关键线路则变成关键线路。如图 3-12 那样，或者 1-3-6 线路中的 3-6 工作若提前 2 天完成，则 1-3-6 线路的总的持续时间为 8 + 4 = 12 天，而 1-3-5-6 线路的总的持续时间仍为 13 天，那么该网络图中的关键线路就为 1-3-5-6，而 1-3-6 则转化为非关键线路了；或者 1-2-3-6 线路中的 2-3 工作推迟 2 天，变成 5 天完成，则 1-2-3-6 线路的总的持续时间应为 4 + 5 + 6 = 15 天，大于 1-3-6 线路上的 14 天，那么关键线路就为 1-2-3-6 线路，1-3-6 线路也同样变成非关键线路了。

利用网络图中的关键线路，可以加强重点管理，使组织施工取得事半功倍的效果；利用关键线路和非关键线路相互转化的原理，利用非关键工作存在的机动时间，可以合理、科学地调配资源和对网络计划进行优化。

网络图的其他基本术语：

在网络图的绘制和计算中，经常要涉及一些基本术语，正确理解这些基本术语的准确含意，对于网络图的正确绘制和各时间参数的准确计算均很重要。现介绍如下：

（1）紧前工作：紧排在某工作之前的工作。

（2）紧后工作：紧排在某工作之后的工作。

（3）先行工作：自起点节点开始至某工作之前的在同一条线路上的所有工作。

（4）后继工作：自某工作后至终点节点在同一条线路上的所有工作。

（5）平行工作：可与某工作同时进行的工作的叫做工作的平行工作。

如图 3-8 所示，各基本术语的含义较清楚。

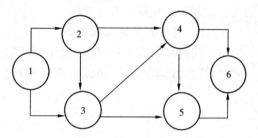

图 3-8　网络图各术语示意图

如图 3-8 所示，工作 2-4 的紧前工作为工作 1-2，紧后工作为工作 4-5 和工作 4-6；工作 5-6 的紧前工作为工作 3-5 和工作 4-5，而它的先行工作则包括工作 1-2，工作 1-3，工作 2-3，工作 2-4，工作 3-4，工作 3-5，工作 4-5 等七项；工作 3-4 的紧后工作为工作 4-5 和工作 4-6，而其后继工作则有工作 4-5，工作 4-6 和工作 5-6；工作 1-2 的平行工作有工作 1-3。

2.2　双代号网络图的绘制

网络计划技术在建筑施工中主要是用以编制施工企业或项目施工的施工进度计划的管理技术，也可用来编制企业的生产计划，因此，网络图最重要是正确地表达各施工工艺流程和各项工作施工的先后顺序及其相互依存、相互制约的逻辑关系。可以说，正确地绘制网络图是为进一步计算和网络图的优化打下一个良好的基础。

正确地绘制网络图应该满足一些基本要求：

• 　工作构成清楚

• 　逻辑关系正确

• 　时间计算准确

• 　绘制合乎规定

首先要弄清楚工程计划的工作构成，不同的工程、不同的结构形式、不同的施工方法决定了计划中的工作构成是不相同的。要通过确定科学合理的施工方案，把构成单位工程或分部工程的施工活动分解为基本的工作，进而确定各工作彼此关系及先后顺序，作为绘制好网络图的基本单元。

其次要正确处理所有工作之间的逻辑关系，这是绘制好网络的关键所在。在组织计划中的逻辑关系不外乎有两种，即工艺逻辑关系和组织逻辑关系。

工艺逻辑关系即由生产工艺所决定的各工作之间的先后顺序关系。由于其完全是由生产、施工过程的自身规律所决定的。因此深刻熟悉工艺流程，熟悉工艺逻辑关系是绘制正确的的网络图的重要的知识基础。

组织逻辑关系是指由于人力或物力等资源的组织与安排需要而形成的各工作间的先后顺序关系，是从事网络计划的管理人员根据施工对象所处的时间、空间及资源的客观条件，采取的组织措施的具体化。

工艺逻辑关系和组织逻辑关系二者之间存在着既相联系又相制约的关系，要统筹兼顾，合理安排，各种工作间的逻辑关系是否表示得准确，是网络图能否准确反映工程实际情况的重要环节。

绘制好网络图还应满足时间计算准确的要求（这内容将在下一节中讨论），同时，绘制要合乎规范、规程的有关规定。

2.2.1 逻辑关系的基本模型

（1）同时开始的工作可以用箭尾共节点的方法绘制，如图 3-9 所示。

（2）同时结束的工作可以用箭头共节点的方法绘制，如图 3-10 所示。

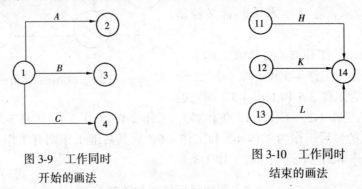

图 3-9　工作同时
开始的画法

图 3-10　工作同时
结束的画法

（3）依次进行的工作采用某一工作的箭尾节点和其紧前工作箭头节点共同一个节点的画法，如图 3-11 所示。

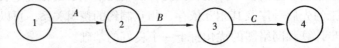

图 3-11　依次工作的画法

（4）关于虚工作的表示

所谓虚工作是在双代号网络图中，只表示其相邻的前后工作之间相互制约、相互依存的逻辑关系，既不占时间也不耗费资源的一种虚拟工作。虚工作以虚线箭线或以时间为零的箭线表示。

将难以用实箭线联系而又存在逻辑关系的工作用虚箭线联系起来，如图 3-12 所示。A、B 两工作同时开始又同时结束，C 工作在 A、B 工作完成后才开始进行。

虚工作还可以切断没有逻辑约束关系的工作间的联系，以求得逻辑表达上的准确。例如，有 A、B 两工作，A 完成后可进行 C、D 工作，B 完成可进行 D 工作。这种逻辑关系要求在绘制网络图时，应注意 A 的紧后工作为 C、D，而 B 的紧后工作仅为 D，绘制如图 3-13。

其中图 3-13（a）是错误的画法，图 3-13（b）是正确的画法。图 3-13（b）的正确在于它使用了虚工作 13-14，将 A 为 D 的紧前工作表示出来，而将 B 和 C 的关系（本来不存在的联系）给隔断了。

虚工作在双代号网络图中的作用是相当突出的。网络中的"断路法"就是使用虚工作

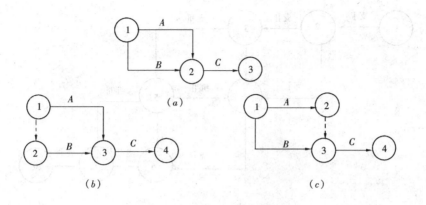

图 3-12　网络图虚工作的应用
（a）错误画法；（b）、（c）正确画法

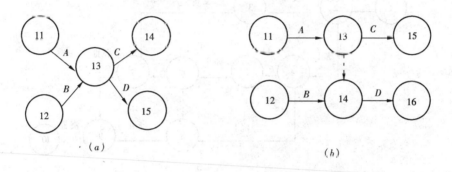

图 3-13　虚工作应用示意图
（a）错误的画法；（b）正确的画法

以正确表达多项工作在多个施工段上流水施工的施工网络计划的方法。

　　例如，某钢筋混凝土梁施工的局部网络图，该网络计划包括了支模板、绑钢筋和浇筑混凝土三个工作，其施工顺序也依次为支模板、绑钢筋和浇筑混凝土，分为三个施工段施工，绘成如图 3-14 的网络图则错误的，原因是在逻辑关系表达上有误。分析图 3-14 网络图中的逻辑关系，可以看出，在组织流水施工中，同一工种的施工班组依次由第一施工段转入第二施工段，再依次转入第三施工段，是合乎流水施工要求的，逻辑关系 5 也无错误，如图 3-14 的每一层水平方向每三根箭线所表示的那样。但在逻辑关系上的错误表现一些竖向箭线的连接上。如第一施工段的浇筑混凝土不应以第二施工段支模板是否完成为其施工的前提，而 3-4 虚箭线的连接，恰恰将二者不存在的逻辑关系给联系起来，产生了逻辑表达上的错误。同样，第二施工段的浇筑混凝土与第三施工的支模板由于 5-6 虚箭线的连接也出现逻辑上的错误。而若不用 3-4 虚箭线或 5-6 虚箭线，同样出现逻辑上的错误，即第二施工段中的支模板、绑钢筋、浇筑混凝土也失去了应有的逻辑联系。

　　正确的网络图应按图 3-15 绘制。由于图 3-14 中将两项无必然逻辑联系的工作用虚箭线联系起来，出现了绘制上的原则错误，也就是画蛇添足了，这将导致以后计算各种时间参数的错误。解决这矛盾的方法可以采用"断路法"。

　　图 3-15 的正确在于采用了 4-5 和 6-7 两处虚工作分别隔断了第二施工段的支模（即支

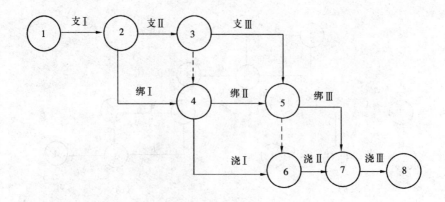

图 3-14　现浇钢筋混凝土梁的施工网络图

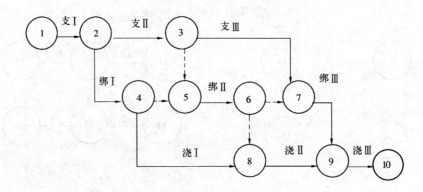

图 3-15　横向断路法示意图

Ⅱ）和第一施工段的浇筑混凝土（即浇Ⅰ）之间、第三施工段的支模（即支Ⅱ）和第二施工段的浇筑混凝土（即浇Ⅱ）之间本不应存在的约束关系，而避免了逻辑的错误。这就是采用"断路法"的网络图绘制的实例。

"断路法"可以有两种形式，如图 3-15 那么样用水平方向的虚工作切断不存在必然逻辑关系的各项工作的联系的方法，称为"横向断路法"，这种用水平方向虚工作进行逻辑隔断的方法主要用于双代号的标时网络图。还有一种方法即"纵向断路法"，即在网络图中用竖向虚工作切断无逻辑关系的各项工作的联系，如图 3-16 所示。这种方法多用于双代号时标网络图。

（5）用母线法绘图

当双代号网络图的起点节点有多条（三条以上）外向箭线或终点节点有多条（三条以上）内向箭线时，为使图形简洁，可用母线法绘制。

所谓母线法，是指网络图中经一条共用母线将多条箭线引入或引出同一个节点的绘图方法。

当从起点节点开始时，可使三条以上的箭线经一条共用的竖向母线线段从起点节点引出，如图 3-17（a）所示；当结束于终点节点时，可使三条以上的箭线经一条共用的竖向母线线段引入终点节点，如图 3-17（b）所示。应该注意的是母线法的应用多用于起点节点或终点节点处的多条箭线同时存在的情形，在箭线线型不同（如粗线、细线、虚线、点

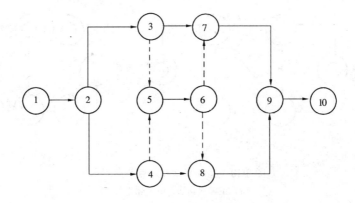

图 3-16　纵向断路法示意图

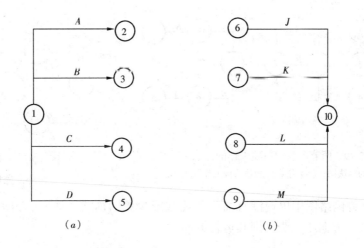

图 3-17　母线法示意图
（a）从起点节点引出图；（b）向终点节点引入

划线或其他线型）而且可能导致误解时，不得用母线法绘图。

（6）一幅网络图只允许有惟一的起点节点和终点节点，如图 3-18（a）所示，不允许出现一个以上的起点节点或一个以上的终点节点，如图 3-18（b）所示，带◎的节点均属错误的画法。

（7）在双代号网络图中，每两个节点只能表示一项工作如图 3-19（a）所示，不允许用相同的两节点表示二项或二项以上的工作，如图 3-19（b）所示，这样可以避免逻辑上的混乱。同样，每项工作只允许用两节点表示，不允许同一项工作同时由多对节点表示，如图 3-19（c）所示，这也可以避免逻辑上的混乱。

如图 3-19 所示，3-19（a）图工作 A、B、C 分别由 1-2、1-3、1-4 表示，是正确的画法；图 3-19（b）工作 A、B、C 均由 1-2 表示，是错误的；图 3-19（c）工作 A 分别由1-3 和 2-5 表示，在一个网络图中一个工作多次出现，显然是逻辑上的错误。

（8）在网络图中箭线的方向是从起点节点流向终点节点，不允许出现循环回路。

所谓循环回路（也称死循环或称闭合回路）即指一些箭线彼此首尾衔接，从一个节点出发，顺箭线方向又回到原出发点的箭流循环，如图 3-20 所示的网络图中，就出现了不

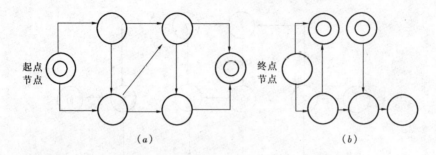

图 3-18　起点节点和终点节点表示法

（a）正确的画法；（b）错误的画法

允许出现的循环回路 2-3-4-5。

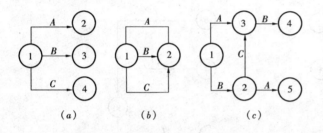

图 3-19　两节点表示一项工作的方法

（a）正确的画法图；（b）错误的画法；（c）错误的画法

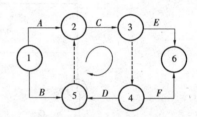

图 3-20　网络图中有
循环回路的错误

（9）不允许网络图中出现没有箭头的箭线或双流向箭线。如图 3-21 所示的错误画法会使网络图没有方向或无法判别其运行方向。

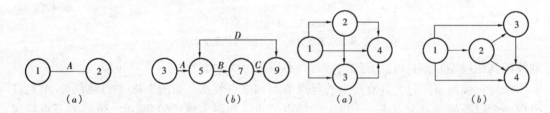

图 3-21　错误的箭线画法

（a）无箭头箭线；（b）双流向箭线

图 3-22　交叉箭线和避免交叉箭线的表示方法

（a）错误画法；（b）正确画法

（10）绘制网络图时，如有交叉箭线应尽量避免，如图 3-22（a）所示。当交叉不可避免时可采用"过桥法"或"指向圈"法，如图 3-23 所示。

图 3-22（b）图就是采用调整②节点位置的方法使绘制的网络图不出现交叉箭线。图 3-23（b）中的指向圈是指为避免在网络图中箭线交叉引起混乱，在箭线截断处添加的指示箭线方向的虚线圆圈，和过桥法表示一样均为正确的表示方法。但在一个网络图存在若干交叉箭线时宜使用同一种的表示方法，以免引起混乱。

在阐明了双代号网络图的基本规则后，特举实例进一步说明主要规则在绘制的重要作用。

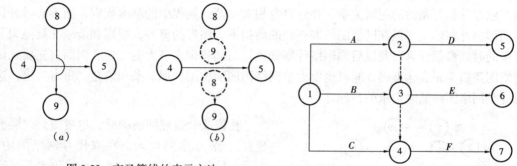

图 3-23　交叉箭线的表示方法
（a）过桥法；（b）指向法

图 3-24　网络图逻辑关系绘制示例之一

【例1】　试以双代号网络表示以下的逻辑关系。

1）A、B、C 工作同时开始，A 工作后开始 D 工作，A、B 工作后开始 E 工作，A、B、C 工作后，F 工作开始。其图绘制如图 3-24 所示。

2）A、B、C 工作同时开始，A 工作后进行 D 工作，A、B 工作后进行 E 工作，B、C 工作后进行 F 工作。其图绘制如图 3-25 所示。

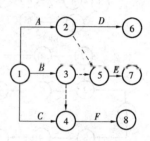

图 3-25　网络图逻辑关系绘制示例之二

从这两个逻辑关系绘制图形看，A、B、C 在图上必须依次画出，若将 A 画在中间箭线，B、C 画两侧箭线，则会出现较多交叉箭线，易出现表示错误；从上两例看，由于 F 工作的紧前工作不一样，就使网络图形变化差异很大，这也说明在双代号网络图绘制中虚箭线的正确使用对于准确表达各逻辑关系是多么重要。

【例2】　指出以下网络图的错误，说明其错误的原因。

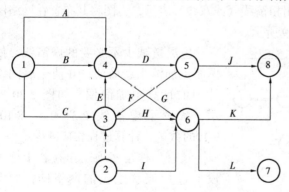

图 3-26　网络图绘制错误示例

以上图 3-26 网络图有多项错误，分别说明于下：

①—④节点，表示 A、B 工作错误，理由是双代号网络图每两个节点只能表示一项工作，而该网络图①—④节点却表示 A、B 两工作。③—④—⑤是循环回路，而网络图不允许出现箭线首尾衔接的循环回路。③—⑤和④—⑥节点表示为交叉箭线，没有使用"过桥"、"断线"或"指向圈"，因而错误。②节点为无内向箭线的节点，一个网络图中只允许一个起点节点，且编号最小，①节点为起点节点，②节点则错误。⑦节点为无外向箭线节点，一个网络图只允许有一个终点节点，且编号最大。⑧节点应为终点节点，而⑦节点错。

2.2.2 网络图的绘制技巧

网络图绘制时最主要的是根据施工顺序和施工组织的要求，正确地反映各项工作之间相互依存并相互制约的逻辑关系，并且符合相关规范、规程中的基本规则，而不必过分强调图形的外在形式。但在网络图绘制正确的前提下，图形的整齐、规则和清晰无疑能为下一步的时间参数计算以及以后的网络计划的执行与调整带来极大的方便。因而首先要确保网络图逻辑关系表达准确，同时也要力求网络图图面构图合理、条理清楚、重点突出，这也应是网络图绘制时追求的目标之一。

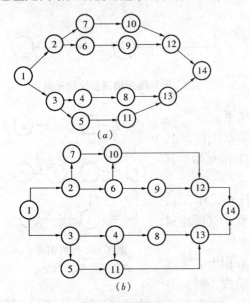

在修改和整理网络图时，尽量做到"横平竖直"，节点排列均匀。在双代号网络图中，表示工作的箭线宜画成水平箭线或由水平线段和水平折线表示，也可画成竖线和斜线。图3-27所示的就是从草绘网络图到整理后的网络图，图3-27（b）明显给人以整齐、清晰、美观的印象，为进行下一步时间计算打下了良好的基础。

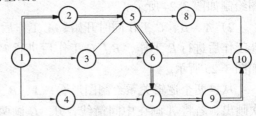

图 3-27　同一网络图从草绘到整理后的示意图
（a）原始网络图；（b）整理后的网络图

图 3-28　关键线路不在图中心的网络图

在修改和整理网络图时，应突出重点。为使网络图能突出重点，使观看者一目了然，尽量将网络图中的关键工作和关键线路用粗箭线（或双线）表示，力图将其布置在网络图的中心位置，以利于重点管理，如图3-29所示。

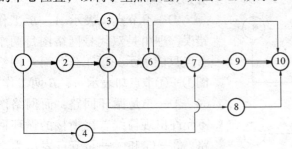

图 3-29　关键线路在网络图中心的表示法

应尽量减少不必要的虚箭线，使图面更加清晰、简洁，并使今后网络计划的计算更加简便，如图3-30所示，减少了虚箭线 2-3、2-4、8-10、9-10的数量，计算过程相应减少了。

还有一种是多项工作在若干施工段上进行流水施工的网络图，如图3-31所示，在施工顺序、流水关系及网络逻辑关系上均是合理的。

但图3-31这个网络图显得过于繁琐。而图3-32却将不必要的箭线和节点去掉，使网络图更加简单明了，并且不改变该图正确的逻辑关系。

综上所述，在双代号网络图的绘制中，不仅要遵循各项规则、规定，而且应该注重绘制技巧，只有这样，才能绘制出正确的网络图，为进一步计算时间参数进而进行网络优化提供一个良好的基础。

一般而言，双代号网络图的绘制可按以下步骤绘制：

1) 根据已知紧前工作确定出紧后工作；

2) 根据逻辑关系绘出相应的网络图。

现在举若干简单例题作以说明。

【例 1】　已知网络图的资料如表 3-1 所示，试绘出网络图。

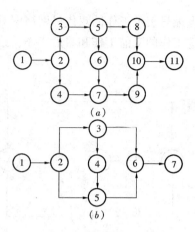

图 3-30　减少不必要的虚箭线
　　　　　的网络图示意
（a）未减不必要的虚箭线；
（b）减少不必要的虚箭线

网　络　图　资　料　表　　　　表 3-1

工　　作	A	B	C	D	E	F
紧前工作	—	—	—	B	B	C、D

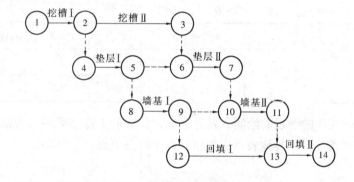

图 3-31　未减不必要的虚箭线网络图

【解】　1) 列出关系表，确定出紧后工作，如表 3-2 所示。

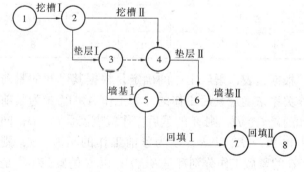

图 3-32　简化后的网络图

关　系　表　　表 3-2

工　　作	A	B	C	D	E	F
紧前工作	—	—	—	B	B	C、D
紧后工作	—	D、E	F	F	—	—

2) 绘出网络图，如图 3-33 所示。

【例 2】　以节点编号为已知条件的网络图的绘制。

表 3-3

工　作	①—②	①—③	②—③	②—④	③—④	③—⑤	④—⑤	④—⑥	⑤—⑥
时　间	1	5	3	2	6	5	0	5	3

这种以节点的编号表示工作的网络图的绘制方法是较简单的。如图 3-34 所示。以节

点编号表示工作的双代号网络图只要按照编号顺序就可依次画出网络图，而不需要预先确定工作的紧前工作和紧后工作，绘制起来非常简便。

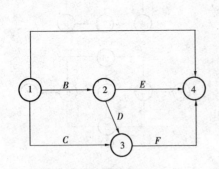

图 3-33 例题网络图之一

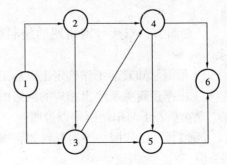

图 3-34 以节点编号表示
工作的网络图例题

【例 3】 已知紧前工作的网络图的绘制。

表 3-4

工作	A	B	C	D	E	F	G	H	I
紧前工作	—	—	A	A	B、C	B、C	D、E	D、E	F、G
紧后工作									
时 间	6	4	2	3	1	5	0	4	6

这种已知紧前工作的例题的绘制，首先应确定其紧后工作是哪些，否则，H 和 I 工作就无法根据现已知条件，正确地表示出如何结束于终点节点。

表 3-5

工 作	A	B	C	D	E	F	G	H	I
紧前工作	—	—	A	A	B、C	B、C	D、E	D、E	F、G
紧后工作	C、D	E、F	E、F	G、H	G、H	I	I	—	—
时 间	6	4	2	3	1	5	0	4	6

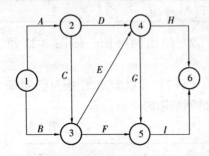

图 3-35 已知紧前工作
绘制网络图例题

根据上表，紧后工作的确定是根据其已知的紧前工作关系来确定紧后工作的。如工作 A，以 A 为紧前工作的是 C、D，则 A 的紧后工作就应该是 C、D；同理工作 B、C，以 B、C 为紧前工作的是 E、F，则 B、C 的紧后工作分别都是 E、F；以 C 的紧前工作是 E、F，则 C 的紧后工作就是 E、F，以此类推，可得 D 的紧后工作 G、H；E 的紧后工作也是 G、H；F、G 的紧后工作都是 I；本例题中，没有以 H 和 I 为紧前工作的工作，那么，H、I 就无紧后工作，表示 H、I 同时结束，计划结束。

2.3 双代号网络计划时间参数的计算

如果说正确绘制的网络图是确定一项工程计划的定性指标的话，那么网络图时间参数计算则是该计划的定量指标。网络图绘制和计算是推动工程计划实际应用的两个轮子，正确的绘制是应用网络计划的基础，而网络计划时间参数计算的目的，在于确定网络图上各项工作和各个节点的时间参数，为网络计划的优化、调整和执行提供准确的时间概念使网络图具有实际应用的价值。从某种意义上说，时间参数的计算是更应值得重视的关键环节。

网络计划技术的种类很多，而且在世界上还在发展和不断产生网络计划技术的新的模式。就目前常见的网络计划技术而言，有关键线路法（CPM）、计划评审技术（PERT）、图形评审技术（GERT）和风险评审技术（VERT）等。以上各种网络计划技术，就时间和逻辑关系的确定而言，可以分为肯定型和非肯定型两大类。

关键线路法是肯定型的，即在表达计划中工作之间的逻辑关系方面肯定的，对每项工作确定所需的持续时间而言也是一个准确而肯定的数值。目前在建筑工程中常用的就是关键线路法这样肯定型的网络计划技术。

其他三种网络计划技术都属于非肯定型的。它们或者是计划中工作之间的逻辑关系肯定，而只有工作所需的持续时间不是一个肯定数值，需要进行时间参数的估算，如计划评审技术（PERT）；或者是计划中工作之间的逻辑关系不肯定，而工作所需的持续时间也不肯定，而是需要按随机变量进行分析的，如图形评审技术（GERT）和风险评审技术（VERT）。而后者还需对可能发生的风险作概率估计。

我们在本章主要研究、讨论关键线路法，讨论在工作间的逻辑关系肯定，工作所需的持续时间都肯定的前提下，如何计算各时间参数的方法。

我们所说的持续时间（也称延续时间或作业时间），即对一项工作规定的从开始到完成时间，持续时间以 D 表示（Duration），在按工作计算法时，工作 $i-j$ 的持续时间用 D_{i-j} 表示，在按节点计算法时，工作 $i-j$ 的持续时间以 D_i 表示。注意 $i-j$ 分别是表示一项工作的箭线的箭尾和箭头的两个编号。

2.3.1 工作持续时间 D 的计算

网络计划的时间参数计算应在确定各项工作持续时间以后进行。计算工作持续时间可有单一时间计算法和三时估算法两种。

（1）单一时间计算法

这种方法是常使用的，属于肯定型网络计划确定持续时间的方法。该法适用于各项工作可变因素少，具有一定的时间消耗统计资料，因而能够确定出一个肯定的时间消耗值。这种一定的时间消耗的统计资料，在全国的劳动定额和各省市编制的预算定额和施工定额中均可反映。

确定持续时间可以根据劳动定额、预算定额或施工定额、施工方法以及投入的各资源量资料进行计算。计算公式如下：（以工作计算法表示）

$$D_{i-j} = \frac{Q_{i-j}}{S \cdot R \cdot n} \tag{3-1}$$

式中 D_{i-j}——完成 $i-j$ 工作的持续时间（小时、天、周等）；

Q_{i-j}——$i-j$ 工作的工程量；

S——产量定额（机械为台班产量）；

R——投入 $i-j$ 工作的人数或机械台数；

n——工作的班次。

（2）三时估算法

由于构成网络图的各项工作可变因素多，不具备一定的时间消耗统计资料，因而不能确定出一个肯定的单一的时间值。

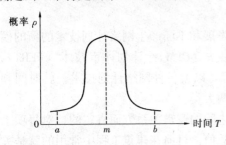

图 3-36 工作持续时间的正态分布

可以根据概率的计算方法，在随机分布的持续时间中估算出有代表性的三个数值：最乐观时间（最短时间）、最悲观时间（最长时间）和最可能的时间，利用公式算出一个加权平均值作为工作的持续时间，这是将非肯定型转变为肯定，即对三种时间的估算变为单一时间的估算。当这种估算服从于正态分布时，在这种分布中可假定最可能的时间 m 分别以两倍于最乐观时间 a 和最悲观时间 b 的可能性出现，图 3-36 所示为工作时间的正态分布图形。

由图可知，三种估计时间的加权平均值可用下式表示：

$$\overline{D} = \frac{1}{2} \cdot \left(\frac{a + 2m}{3} + \frac{2m + b}{3} \right) = \frac{a + 4m + b}{6} \tag{3-2}$$

式中 $\overline{D}$——工作的加权平均持续时间；

　　a——最乐观时间（最短时间）：指按最顺利条件估计的完成某项工作所需的持续时间；

　　b——最悲观时间（最长时间）：指按最不利条件估计的完成某项工作所需的持续时间；

　　m——最可能时间：指按正常条件估计的完成某项工作最可能的持续时间。

由于持续时间加权平均值是三种时间估算的，因此它要受到估计偏差的影响。为了进一步反映工作时间概率分布的离散程序，引入一个方差的概念，方差是衡量估计偏差的特征数，可按下式计算：

$$\sigma^2 = \left(\frac{b - a}{6} \right)^2 \tag{3-3}$$

三时估算法适用于 PERT 等非肯定型网络计划的持续时间的估算，由于本章主要研究关键线路法（CPM）等肯定型网络的时间参数，对三时估算法不再进一步介绍。

2.3.2　网络图的计算内容

网络图计算的主要内容

（1）工作的最早开始时间 ES_{i-j}（Earliest Starting Time）；

（2）工作的最早结束时间 EF_{i-j}（Earliest Finish Time）；

（3）工作的最迟开始时间 LS_{i-j}（Latest Starting Time）；

（4）工作的最迟结束时间 LF_{i-j}（Latest Finish Time）；

（5）关键线路的持续时间的计算；

（6）非关键线路上所有时差的计算，即 $i-j$ 工作的总时差 TF_{i-j}（Total Float）和 $i-j$ 工作的自由时差 FF_{i-j}（Free Float）。

总时差 TF_{i-j}：在不影响总工期的的前提下，一项工作可以利用的机动时间；

自由时差 FF_{i-j}：在不影响其紧后工作最早开始的前提下，一项工作可以利用的机动时间。

2.3.3 网络图时间参数计算方法

双代号网络图有按工作计算法和按节点计算法两种计算时间参数的方法。按工作计算

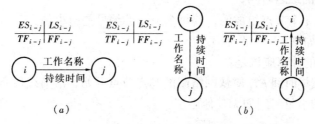

图 3-37 时间参数四时标注法示意图

法指要计算每项工作（包括虚工作）的各时间参数，在每根箭线均要按规定标注计算出的各时间参数；按节点计算法要计算的各项工作汇集在节点处的各时间参数，并将其按规定标注在每个节点处（单代号网络图的计算方法后面另行介绍）。

计算出的各时间参数可以有四时标注法和六时标注法两种标注方法。所谓四时标注法是指进行四个时间参数的计算，即标注 ES_{i-j}，TF_{i-j}，LS_{i-j}，FF_{i-j}，主要用于双代号网络图按工作计算法的标注，如图 3-37 所示。

所谓六时标注法是进行六个时间参数的计算，即

ES_{i-j}	LS_{i-j}	TF_{i-j}
EF_{i-j}	LF_{i-j}	FF_{i-j}

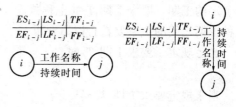

图 3-38 双代号网络计划时间
参数六时标注形式

主要用于双代号网络图按工作计算法的标注，也用于单代号网络图时间参数的标注，如图 3-38 所示。

网络计划时间参数具体计算法，一般常用的有分析计算法、图上计算法、表上计算法和矩阵计算法等。

（1）分析计算法

网络图的分析计算法是按公式进行的，为了便于理解公式，举例说明如下：

由四个节点 h、i、j、k 和三项工作 $h-i$、$i-j$、$j-k$ 组成一个泛指的网络图，如图 3-39 所示。

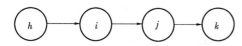

图 3-39 双代号网络图示意图

从图 3-39 可以知道，$i-j$ 代表某项工作，$h-i$ 则代表 $i-j$ 的紧前工作，若 $i-j$ 前没紧前工作，$h-i$ 等于零，$i-j$ 工作即为最早开始工作；$j-k$ 代表 $i-j$ 的紧后工作，如 j 为终

点节点，则 $j-k$ 等于零，$i-j$ 工作即为最终完成工作。

计算公式中采用的符号，如 D_{i-j}，ES_{i-j}，EF_{i-j}，LS_{i-j}，LF_{i-j} 均在本节开始作了介绍，主要为按工作计算法的时间参数。若按节点计算法，则有以下时间参数：

ET_i—— i 节点的最早时间；

ET_j—— j 节点的最早时间；

LT_i—— i 节点的最迟时间；

LT_j—— j 节点的最迟时间；

若网络计划是 n 个节点组成的，其每个节点的编号是由小到大，由（$1\rightarrow n$），按节点计算的公式和方法如下：

节点最早时间的计算应该是：

1）节点 i 的最早时间 ET_i 应从网络图的起点节点开始，沿箭线指向逐个计算；

2）起点节点的最早时间如无其他规定，其值等于零，即：

$$ET_i = 0 \quad (i = 1) \tag{3-4}$$

3）其他节点的最早时间应为：

$$ET_i = \max(ET_i + D_{i-j}) \tag{3-5}$$

网络计划的计算工期 T_c 的计算应为：

$$T_c = ET_n \tag{3-6}$$

其中：T_c 为计算工期（也可称总工期）：指由时间参数计算确定的工期，即关键线路的各工作的总持续时间；计算工期 T_c 应为以 n 为终点节点的节点最早时间。

网络计算还有计划工期 T_p 和要求工期 T_r。计划工期 T_p，是指根据计算工期或要求工期确定的工期。要求工期 T_r（也称规定工期），是指主管部门或合同条款所要求的工期。三种工期之间的关系要符合以下要求：

当已规定了要求工期 T_r 时

$$T_p \leqslant T_r \tag{3-7}$$

当未规定要求工期 T_r 时

$$T_p = T_c \tag{3-8}$$

ET_n：指终点节点 n 的最早时间。

节点最迟时间的计算应该是：

1）节点 i 的最迟时间应从网络图的终点开始，逆箭线方向依次逐项计算；

2）终点节点的最迟时间 LT_n 应按网络计划的计划工期 T_p 确定，即：

$$LT_n = T_p \tag{3-9}$$

3）其他节点的最迟时间应为

$$LT_i = \min(LT_j - D_{i-j}) \tag{3-10}$$

按工作计算法的公式和方法如下：

1）$i-j$ 工作的最早开始时间 ES_{i-j} 应为：

$$ES_{i-j} = \begin{cases} 0 & i = 1 \\ \max EF_{h-i} & i > 1 \end{cases}$$

按节点计算法与按工作计算法存在如下关系：

$$ES_{i-j} = ET_i \qquad\qquad (3\text{-}11)$$

2）$i - j$ 工作的最早结束时间 EF_{i-j} 应为：

$$EF_{i-j} = ET_i + D_{i-j} \qquad\qquad (3\text{-}12)$$

3）$i - j$ 工作的最迟结束时间 LF_{i-j} 应为：

$$LF_{i-j} = LT_i \qquad\qquad (3\text{-}13)$$

4）$i - j$ 工作的最迟开始时间 LS_{i-j} 应为：

$$LS_{i-j} = LT_i - D_{i-j} \qquad\qquad (3\text{-}14)$$

5）$i - j$ 工作的总时差 TF_{i-j} 应为：

$$TF_{i-j} = LT_i - ET_i - D_{i-j} \qquad\qquad (3\text{-}15)$$

6）$i - j$ 工作的自由时差 FF_{i-j} 应为：

$$FF_{i-j} = ET_j - ET_i - D_{i-j} \qquad\qquad (3\text{-}16)$$

网络计划的计算工期 T_C 应为：以终点节点为箭头节点的工作的工作最早结束时间，即：

$$T_C = \max(EF_{i-n}) \qquad\qquad (3\text{-}17)$$

以终点节点（$j = n$）为箭头节点的工作最迟结束时间 LF_{i-n} 应按网络计划的计划工期确定。

（2）图上计算法

图上计算法是依据分析计算法的时间参数计算式直接在网络图上计算各工作的有关时间参数，并直接把计算结果标注在相应箭杆的上方的计算方法。该法简单、直观、易于掌握运用，因而在实际工作中应用广泛。

我们以图 3-40 为例按工作计算法计算工作最早开始时间，以四时标注法标注各时间参数。

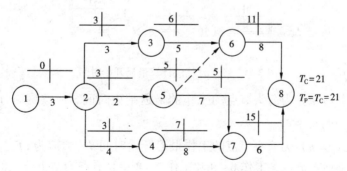

图 3-40　以图上计算法计算最早开始时间

1）计算最早开始时间，将其标于"十"字坐标的左上角的象限内。

当计算工作最早开始时间时，网络图中的起点节点一般是以相对时间 0 天开始的，故起点节点最早开始时间 ES_{1-2} 等于零，把 0 标注在工作 $1 - 2$ 箭线上方"十"字坐标的相应位置上。

以下是各中间节点间各项工作的计算，计算方向是沿箭线指向的方向从左到右依次逐项地进行。以工作 1－2 为紧前工作的工作为 2－3、2－4、2－5，它们的始节点均是 2 节点，这三个工作是同时开始，它们最早开始时间是同一数值，等于紧前工作 1－2 的最早开始时间 $ES_{1-2}=0$ 与持续时间 $D_{1-2}=3$ 的和，即 $0+3=3$。计算每一工作的最早开始时间都是以其"十"上填上的最早时间加上箭线下面的持续时间所得的和。如依次往下算，工作 3－6 的最早开始时间等于其紧前工作 2－3 的最早开始时间 $ES_{2-3}=3$ 和 $D_{2-3}=3$，二者之和即为 6，填入 3－6 工作的"十"的左上角。同理工作 2－4 的 ES_{2-4} 为 3 和 D_{2-4} 为 4，则工作 4－7 的 $ES_{4-7}=3+4=7$，工作 5－6 和工作 5－7 均为 5 节点发出的箭线，有 $ES_{5-6}=ES_{5-7}=ES_{2-5}+D_{2-5}=3+2=5$。

在如此依次计算时，在计算工作 6－8 的 ES_{6-8} 和工作 7－8 的 ES_{7-8} 时，由于都有一个以上的箭线分别流入 6 节点和 7 节点，在选择最早开始时间数值时，选较大的数值。如工作 6－8 的 ES_{6-8} 应选择 ES_{3-6} 的 6 和 D_{3-6} 的 5 的和与 ES_{5-6} 的 5 和 D_{5-6} 的 0 的和中的大值即 11 作为 ES_{6-8}，同理 ES_{7-8} 也应选 $5+7=12$ 和 $7+8=15$ 的大值 15 为 ES_{7-8}。

当计算到终点节点 8 时，应以 8 为结束节点的各工作如工作 6－8 和工作 7－8 的最早开始时间分别为 11 和 15 再加上 6－8 和 7－8 的持续时间 8 和 6，其和分别为 19 和 21，取大值 21 为该网络图的计算工期 T_C，由于本网络图无要求工期 T_r，故计划工期 $T_p=T_C=21$。至此，图 3-40 的最早开始时间在图上计算完毕。

2）计算最迟开始时间 LS_{i-j}，将其标注于"十"字从标的右上角相应象限中。

工作的最迟开始时间的计算，是以网络图的终点节点开始，逆箭线方向自右往左依次逐项计算，如图 3-41 所示，将计算结果填在相应箭线的图示位置上。

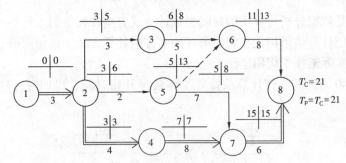

图 3-41　图上计算法计算最迟开始时间

以终点节点（$j=n$）为箭头节点的工作的最迟结束时间，应按网络计划的计划工期 T_p 确定，即 $T_p=LF_{i-n}=21$。

以终点节点（$j=n$）为箭头节点的工作最迟开始时间 LS_{i-n} 应为 $LF_{i-n}-D_{i-n}$，对于本网络图 8 节点是终点节点，工作 6－8 和工作 7－8 是 8 节点为结束节点的工作，其最迟开始时间应用计划工期 21 天分别减去各工作持续时间 8 和 6，分别为 13 和 15，填入该箭线上方"十"字坐标右上角的象限内。

其他各箭线的最迟开始时间逆箭线依次进行。工作 3－6 和工作 5－6 均以工作 6－8 为紧后工作，其最迟开始时间 LS_{3-6} 和 LS_{5-6} 分别由 LS_{6-8} 即 13 分别减去 D_{3-6}（$=5$）和

D_{5-6}（＝0）得8和13填入箭线上方相应位置，同理工作4－7为紧后工作，其最迟开始时间LS_{5-7}和LS_{7-8}也由$LS_{7-8}=15$分别减去D_{4-7}（＝8）和D_{5-7}（＝7）分别得7和8，填入箭线上方相应位置。

当多条箭线的箭尾回到某一节点时，取紧后工作最迟开始时间的较小值减本工作的持续时间。如工作2－5的紧后工作分别为5－6和5－7，$LS_{5-6}=13$，而$LS_{5-7}=8$，取其较小值8，减去D_{3-6}（＝2），则$LS_{2-5}=8-2=6$。同理，工作1－2的紧后工作分别有2－3、2－4、2－5，其最迟开始时间分别为$LS_{2-3}=5$、$LS_{2-4}=3$、$LS_{2-5}=6$，取其较小值$LS_{2-4}=3$，减去D_{1-2}（＝3），$LS_{1-2}=0$。将这些数值分别填于箭线上方相应位置上，至此，图3-41所示的最迟开始时间在网络图上计算完毕。关键线路得以确定，即：①—②—④—⑦—⑧，以粗线标出。

3）计算总时差

图上计算法的总的时差等于该工作的最迟开始时间减去该工作的最早开始时间。也即为在图上标注"十"字坐标各象限中，右上方象限标注的数值减去左上方象限标注的数值，其减得数值填入"十"字坐标的左下方的象限内，即得总时差。总时差是指为一条线路所共有的机动时间。总时差的图上计算如图3-42所示。

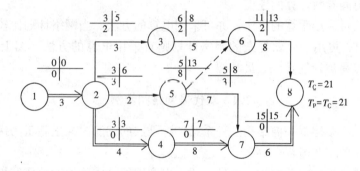

图3-42　图上计算法总时差的计算

总时差的图上计算仅为一项工作的最迟开始时间和最早开始时间的差值，计算时无顺序和方向上的要求。

这里应注意，网络计划中总时差最小的工作为关键工作。

当$T_p=T_C$时，TF应为零；

当T_p大于T_C时，TF为正；

当T_p小于T_C时，TF为负。

如图3-42所示，工作1－2、2－4、4－7、7－8最迟开始时间均等于最早开始时间，即其总时差为0，总时差为0的这条线路为本网络图的关键线路，如图3-42所示。

4）自由时差的计算

图上计算法的自由时差等于该工作的紧后工作的最早开始时间减去该工作的最早开始时间与本工作持续时间之和。自由时差的计算因涉及到紧后工作的时间参数，宜由右往左逆箭线方向计算，其数值填于"十"字坐标的右下方象限，如图3-43所示。

在关键线路上的各项工作的自由时差均为0，如工作7－8的自由时差FF_{7-8}应为T_p（＝21）减去ES_{7-8}（＝15）与D_{7-8}（＝6）的和即为0，其余如工作1－2、2－4、4－7计

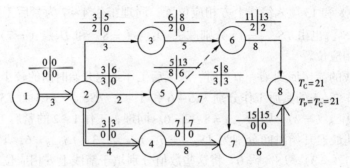

图 3-43　图上计算法自由时差的计算

算结果亦然。

在非关键线路上，自由时差不一定为 0，但自由时差 FF_{i-j} 一定不大于总时差 TF_{i-j}，在非关键线路上的工作箭线的箭头指向关键线路所在的节点时，该工作的总时差与自由时差不为零且相等，这在进行图上计算时，可以作为检验和校核计算结果的一个特点。如 5－7 工作箭头指向 7 节点，则 5－7 工作的总时差和自由时差均为 3，同样 6－8 工作箭头指向 8 节点，则其总时差和自由时差也均为 2。了解这个特点，可以简化自由时差的计算，也就加快时间参数计算的速度。

图上计算法可采用手算的方法，亦可采用电算的方法。当网络计划比较简单，工作箭线在 500 以下时，可用手算。复杂的网络计划则宜采用电算的方法。图上计算法以其直观、形象的特点易被计划管理人员掌握。

2.4　双代号网络图示例

现以一个现浇多层框一剪结构的一个结构标准层的钢筋混凝土施工为例，用双代号网络图表示其施工的工艺流程。

本例为现浇多层框一剪结构，由柱、梁、剪力墙组合成受力的整体结构，并设有电梯井和楼梯等。该结构标准层施工的施工顺序见表 3-6。

网 络 图 关 系 表

表 3-6

序号	工 作 名 称	代号	紧 前 工 作	紧 后 工 作	持 续 时 间
1	柱绑筋	A	—	B、C	2
2	剪力墙绑筋	B	A	E、F	2
3	柱支模	C	A	E、I	3
4	电梯井内模	D	—	F、G	2
5	剪力墙支模	E	B、C	H	2
6	电梯井绑筋	F	B、D	H、K	2
7	楼梯支模	G	D	K	2
8	电梯井外模	H	E、F	J	2
9	梁支模	I	C	J	3

68

序号	工 作 名 称	代号	紧 前 工 作	紧 后 工 作	持 续 时 间
10	楼板支模	J	I、H	L	2
11	楼板绑筋	K	G、F	L	1
12	墙柱浇混凝土	L	K、J	M、N	3
13	铺暗管	M	L	P	1.5
14	梁板绑筋	N	L	P	2
15	梁板浇混凝土	P	M、N	—	2

根据表 3-6，绘制网络图要按以下方法进行。

（1）无紧前工作的工作先画，本表中为 A 和 D，先画出最早开始工作 A 和 D。如图 3-44所示。

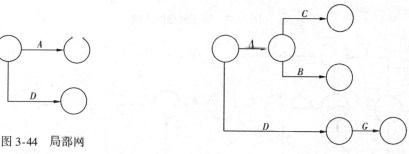

图 3-44 局部网
络图之一

图 3-45 局部网络图之二

（2）再画出 A、D 的紧后工作。A 后为 B 和 C，而从表 5 看 F 的紧前工工作为 B 和 D，故将 B 画在下，C 画在上，以避免交叉箭线。D 后为 G 依次画出，如图 3-45 所示。

（3）正确使用虚工作，是画好双代号网络图的关键。

E 的紧前工作是 B、C，F 的紧前工作为 B、D，必须使用虚箭线表示，如图 3-46 所示。同理 H 的紧前工作为 E、F，K 的紧前工作 F、G，也要用虚工作，如图 3-47 所示。L 的紧前工作为 K、J，L 之后有 M 和 N，M 和N 同时开始，同时完成后 P 开始，因而也要添加虚工作，如图 3-48 所示。

（4）检查逻辑关系，在网络图基本绘制完毕后，应检查逻辑关系，除了按表中表示各工作和它们各自的紧前工作和紧后工作来检查其合乎要求与否外，还要检查各虚工作的应用正确与否。以上网络图经检查，无逻辑关系上的错误。

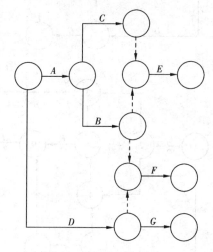

图 3-46 局部网络图之三

（5）最后进行整理编号，整理时发现 I 与 H 工作间的虚工作属于多余的虚工作，应删减，将节点去掉，连成实箭线。再按规定进行编号，并在箭线下填上持续时间。至此一个完整、正确的双代号网络图绘制完毕。如图 3-49 所示。

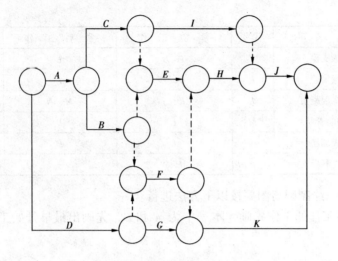

图 3-47 局部网络图之四

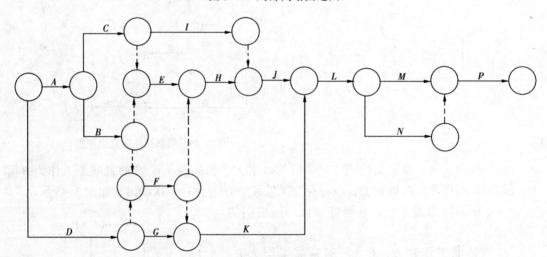

图 3-48 局部网络图之五

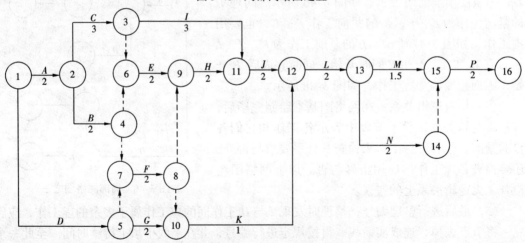

图 3-49 框-剪结构标准层网络图

课题3 单代号网络图

3.1 单代号网络图的组成

单代号网络图是以节点及其编号表示工作，以箭线表示工作之间的逻辑关系的网络图。

在双代号网络图中，为了正确表达各项工作之间相互依存相互制约的逻辑关系，引入了虚工作的概念，虚工作在双代号网络图中能科学、准确地表达各种复杂的逻辑关系，有不能替代的作用。这是问题的一个方面，而问题的另一方面是虚工作的使用使网络图的绘制和计算显得麻烦，越是复杂的网络图，问题就越突出，虚箭线的大量使用使网络图画面增大，计算繁琐，若有十个施工过程（或工作）分为十个施工段进行流水施工，绘制出的双代号网络图至少要画144根虚箭线，增大了绘制的工作量，也增加了计算的困难。而若采用单代号网络图不必增加虚工作，绘制简便，弥补了双代号网络图的不足。因而，近年来在国外，尤其是欧洲新发展起来的几种网络计划的模式，如·决策网络计划（DCPM）、图形评审技术（GERT）、前导网络（PM）等，都是采用单代号网络的表示方法的。

当然，两种网络图的表示方法，在不同的情况下，其表现的繁简程度是不同的。有些情况下，应用单代号网络图比较简单，但在另外的情况下，由于工作之间逻辑关系的箭线可能产生较多的纵横交叉现象。用双代号表示显得更为清楚，因此可以认为，两种网络图互为补充、各具特色。

一般而言，单代号网络图具有便于说明，非专业人员易于理解，修改容易的优点，对于推广网络计划技术大为有益。在应用电子计算机进行网络计算和优化的过程中，单代号网络图必须按工作逐个列出先行工作和后继工作台，也即采用自然排序的方法检查紧前工作和紧后工作，在计算机中要占用更多的存贮单元，而不如双代号网络图显得简便。

单代号网络图有很多优点，但在实际施工组织中较多仍使用双代号网络图，主要是由于双代号网络图推广时间长，人们用起来习惯了，另外双代号网络图在编制施工进度计划的形象性方面似乎优于单代号网络图，单代号网络图由于工作持续时间在节点之中表示，没有长度，不便绘制时标网络计划，更不能据图优化。尤其是时标网络图更显突出。但是单代号网络图应用逐渐广泛的趋势是肯定的了。

3.1.1 箭线

在单代号网络图中，箭线只将代表工作的各节点联系起来，表示工作间的逻辑关系。箭线既不占用时间，也不消耗资源。单代号网络图中一般不用虚箭线。箭线的箭头表示工作的前进方向，箭尾节点表示的工作为箭头节点表示的工作的紧前工作。

3.1.2 节点

单代号网络图是以节点表示工作的，故也称其为节点式网络图。节点可以是任意的封闭的几何图形，例如圆圈或方框等。节点中的标注多以工作名称及工作的持续时间为中心，节点也标明经计算而得到的各种时间参数，也可标注资源强度、相应的日历工期等参数。但任何一个节点中，仅标注与本节点直接相关的各种参数，表示方法如图 3-50 所示。

图 3-50 单代号网络图工作表示方法

由于网络图只宜有一个起点节点和终点节点（计划任务中部分工作分期完成的网络计划例外），并不应出现其他无内向箭线的节点或无外向箭线的节点。无论单代号网络图还是双代号网络图，都应符合这个规则。当单代号网络图中有多项最早开始的工作或多项最终结束的工作时，应在整个网络图的开始和最终完成的两端分别设置虚拟的起点和终点节点，其表示如图 3-51 所示。

图 3-51 虚拟的起点节点和终点节点的表示法
（a）虚拟的起点节点；（b）虚拟的终点节点

虚拟的起点节点的用法是从此节点引出箭线和那些最先开始的工作的节点相连，以表示这些工作都是最先开始的。虚拟的终点节点用法也是将最后结束的多项工作的节点用箭线与虚拟的终点节点相连，以表示多项工作在工程结束时都同时完成。

3.1.3 节点编号

单代号网络图的节点编号是以一个单独编号表示一项工作的，编号原则和双代号一样，也应从小到大，从左往右，箭头编号大于箭尾编号，中间可隔号，但不可重复编号。编号采用阿拉伯数字。

3.2 单代号网络图的绘制

在组织施工的过程中，各项工作之间内在固有的逻辑关系从工艺上讲是相同的，但使用单、双代号网络图时，表现的形式是不同的。双代号网络图是以两个节点和一根箭线来表示一项工作，而工作间的复杂逻辑关系可以通过节点的共用、分离乃至增设虚工作以准确地表达；单代号网络图则不同，其用节点表示工作，工作间的逻辑关系通过箭线的连接来表示，单代号网络图一般不用虚工作，故编制单代号网络计划产生逻辑错误的概率较小。用单、双代号网络图来表示同一项计划所表现出的异同，可参阅图 3-52。

图 3-52 表示的这样的逻辑关系，即：A 和 B 工作同时开始，计划开始；C 和 D 工作同时结束，计划完成；C 在 A 工作后进行；D 在 A、B 工作后进行。双代号网络图要借助虚工作 2-3，联系了工作 A 与工作 D 的关系，而隔断工作 B 与工作 C 的关系。单代号网

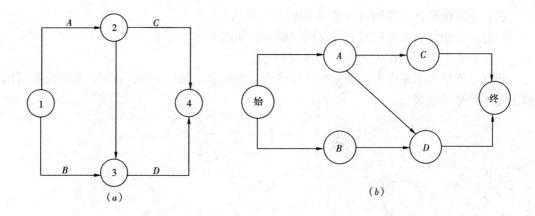

图 3-52 单双代号网络图表示的异同
(a) 双代号网络图;(b) 单代号网络图

络图则只在 A 节点和 D 节点之间加一条箭线即表达准确,显得简便得多,绘制起来也容易得多。

逻辑关系的基本模型

任何多项工作之间都存在的彼此的先后顺序等必然的关系都是逻辑关系,这种逻辑关系是由工艺要求或组织要求所决定的。作为最基本的表达关系的方式构成网络图中的基本单元,任何简

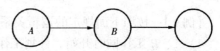

图 3-53 单代号网络图衔接关系的表示

单或复杂的单代号网络图均是由这些基本单元按各种各样方式组合而成的。熟练地掌握运用这些基本单模型并进行组合是绘制好单代号网络图的关键。

逻辑关系的基本模型如下:

(1) A 工作与 B 工作依次衔接,如图 3-53 所示。

(2) A 工作与 B 工作同时结束,如图 3-54 所示。

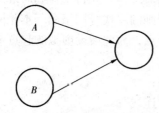

图 3-54 单代号网络图同时
结束关系的表示

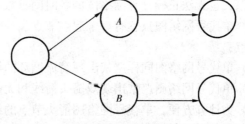

图 3-55 单代号网络图同时开始关系的表示

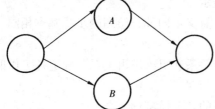

图 3-56 单代号网络图同时开始
又同时结束关系的表示

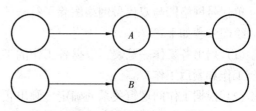

图 3-57 单代号网络图工作间无关的表示

(3) A 工作与 B 工作同时开始，如图 3-55 所示。

(4) A 工作与 B 工作同时开始又同时结束，如图 3-56 所示。

(5) A 工作与 B 工作无关，如图 3-57 所示。

单代号网络图都是以上基本模型经过变化组合而成。如图 3-58，就可以看出综合运用以上基本模型的结果。

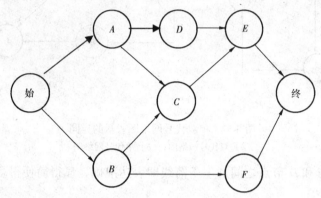

图 3-58　单代号网络图的示例

【例 1】 按照下面规定的逻辑关系，绘制 3-58 单代号网络图。

1）A、B 工作同时开始，计划工作开始；

2）A 工作完成后，C、D 工作开始；

3）C、D 工作完成，开始 E 工作；

4）B 工作完成，C、F 工作可以开始；

5）E、F 工作完成，计划完成。

单代号网络图绘图规则：

单代号网络图的绘制也应与双代号网络图一样，遵循一定的绘图规则。违背这些规则，会出现逻辑混乱，难以判定各项工作的紧前工作和紧后工作，先行工作和后继工作的正确关系，也无法正确计算网络图的各时间参数。这些规则同双代号网络图基本相同。

（1）单代号网络图只宜有一个起点节点和一个终点节点，为此增设虚拟的起点节点和终点节点；

（2）单代号网络图同样严禁出现箭流循环的循环回路；

（3）单代号网络图严禁出现双箭头箭线和无箭头的"连线"；

（4）为计算方便，单代号网络图箭头节点的编号应大于箭尾节点的编号，而且不允许出现重复编号的错误；

（5）单代号网络图的交叉箭线应用"过桥法"表示。

单代号网络图与双代号网络图除了符号的用法、意义不同外，绘图的步骤基本相同。

绘图步骤如下：

（1）列出各工作一览表，根据各工作的工艺逻辑关系和组织逻辑关系，确定各工作的紧前工作和紧后工作；

（2）根据工作间逻辑关系的确定，画出相关工作的基本模型；

（3）确定出各工作的节点位置号，可定无紧前工作的工作的节点位置号为 0，其他工作的节点位置等于其紧前工作的节点位置号的最大值加1；

（4）把相关的网络模型连接起来；

（5）整理网络图，使其简化，并增设虚拟的起点节点和终点节点。

现举例说明如下：

【例2】 已知网络图的资料见表3-7，试绘制单代号网络图。

网 络 图 资 料 表

表 3-7

工　作	A	B	C	D	E	F	G
紧前工作	—	A	A	B	A、B	C、D、E	F

（1）列出关系表确定紧后工作（表3-8）。

关 系 表

表 3-8

工　作	A	B	C	D	E	F	G
紧前工作	—	A	A	B	A、B	C、D、E	F
紧后工作	B、E、C	D、E	G	F、G	F	G	—

（2）根据紧前工作和紧后工作的逻辑关系绘出网络图3-59。

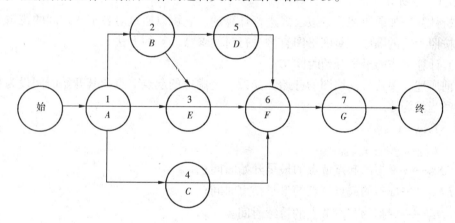

图 3-59　例 2 的单代号网络图

3.3　单代号网络计划的时间参数计算

前面介绍了单代号网络计划的组成和绘制方法，它与双代号网络图存在根本的差异；而它在时间参数计算方面，却与双代号网络计划的时间参数计算很相似，无论从计算内容及采用的方法都有近似之处，下面我们介绍其时间参数的计算方法。其方法主要有以下几种：

即　　分析计算法；

　　　图上计算法；

　　　表上计算法；

　　　矩阵计算法。

尽管计算方法很多，但其计算基础仍应推分析计算法，以分析计算法各主要公式为依据，可以采用不同的计算，可以有不同的表现形式。这里主要介绍分析计算法和图上计算法。

单代号网络计划的时间参数主要有以下几个：

D_i—— i 工作的持续时间；

ES_i—— i 工作的最早开始时间；

LS_i—— i 工作的最迟开始时间；

EF_i—— i 工作的最早完成时间；

LF_i—— i 工作的最迟完成时间；

TF_i—— i 工作的总时差；

FF_i—— i 工作的自由时差；

T_C——网络计划的计算工期；

T_p——网络计划的计划工期；

T_r——网络计划的要求工期；

LAG_{i-j}——相邻工作 i 和 j 之间的时间间隔。

3.3.1 分析计算法

分析计算法如前所述，是按公式进行计算的。它可以通过对各工作之间的逻辑关系的分析，按照一定的顺序，对网络图直接进行时间参数计算的方法。

(1) 计算工作的最早开始时间 ES_i

如前所述，单代号网络图的开始，如设一个虚拟的起点节点，其开始时间设为零，其持续时间当然为零。

即　　$ES_{ST} = 0$

$$EF_{ST} = ES_{ST} + D_{ST} = 0$$

式中　ES_{ST}——虚拟的起点节点的最早开始时间；

EF_{ST}——虚拟的起点节点的最早结束时间；

D_{ST}——虚拟的起点节点的持续时间。

工作 i 的最早开始时间 ES_i

$$ES_i = 0(i = 1); \qquad\qquad (3-18)$$

其他工作的最早开始时间应为该工作 i 的各紧前工作 h 的最早开始时间与本工作的持续时间之和的最大值。

即　　　　　　　$ES_i = \max[ES_h + D_h] = \max[EF_i]$　　　　　　(3-19)

ES_h　工作 i 的紧前工作 h 的最早开始时间；

D_h　工作 i 的紧前工作 h 的持续时间。

(2) 计算工作最早结束时间 EF_i

即　　　　　　　　　　　$EF_i = ES_i + D_i$

当计算到网络图虚拟的终点节点时，由于该节点自身不占用时间，即持续时间 $D_{FIN} = 0$，故：

$$EF_{FIN} = ES_{FIN} = \max[EF_i]$$

76

而网络计划的计算工期 T_C 应按下式计算：

$$T_C = EF_n \qquad (3-20)$$

EF_n 表示最后工作的节点的最早完成时间。

（3）计算工作间的时间间隔

在单代号网络计划中，一项工作的最早结束时间与其紧后工作的最早开始时间存在着的差值，称其为时间间隔，以 LAG_{i-j} 表示。LAG_{i-j} 值等于工作 j 的最早开始时间减去工作 i 的最早结束时间所得的差值。

LAG_{i-j} 的计算应按下式进行：

终点节点为虚拟节点时，其时间间隔为

$$LAG_{i-j} = T_P - EF_i \qquad (3-21)$$

其他节点之间的时间间隔为

$$LAG_{i-j} = ES_j - EF_i \qquad (3-22)$$

（4）工作总时差 TF_i 的计算

工作的总时差 TF_i 的计算应从网络图的终点节点开始，以逆箭线方向依次逐项加以计算。

终点节点所代表的工作 n 的总时差 TF_n 值应为：

$$TF_n = T_P - EF_n \qquad (3-23)$$

其他工作的总时差 TF_i 应为

$$TF_i = \min[LAG_{i-j} + TF_j] \qquad (3-24)$$

（5）自由时差 FF_i 的计算

终点节点所代表的工作 n 的自由时差 FF_n 值应为：

$$FF_n = T_P - EF_n \qquad (3-25)$$

其他工作自由时差 FF_i 应为：

$$FF_i = \min[LAG_{i-j}] \qquad (3-26)$$

（6）工作最迟结束时间 LF_i

工作最迟结束时间 LF_i 的计算应从网络图的终点节点开始，逆箭线方向依次逐项计算。

所谓工作的最迟结束时间是指在保证不致拖延总工期的条件下，该工作最迟必须完成的时间。网络图的最后一个节点（并非虚拟的终点节点）所代表的工作 n 的最迟结束时间 LF_n 应按网络计划的计划工期确定，即：

$$LF_n = T_p \qquad (3-27)$$

其他工作的最迟结束时间 LF_n 应为

$$LF_i = \max[LS_j](i < j) \qquad (3-28)$$

$$LF_i = EF_i + TF_i \qquad (3-29)$$

（7）工作最迟开始时间 LS_i

$$LS_i = LF_i - D_i \qquad (3-30)$$

$$LS_i = ES_j + TF_i \qquad (3-31)$$

（8）确定关键线路

关键线路是指从起点节点到终点节点均为关键工作，且所有的工作的时间间隔均为零的线路为关键线路。

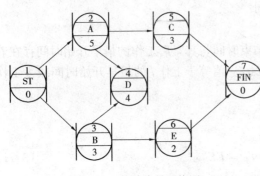

图 3-60　某单代号网络图

3.3.2　图上计算法

图上计算法是较为直观、简便的计算方法，是根据分析计算法中的各种时间参数的计算公式，在图上直接加以计算，并在图上标注出关键线路的方法。这种计算方法在充分理解并熟练掌握分析计算法的相关公式的情况下，边计算，边将相应时间参数填入网络图中事先规定好的位置，多用于手算法。

下面仍然通过前面例题对图上计算法的计算过程加以较详细说明，以便于初学者的掌握。

首先计算最早开始时间和最早结束时间。根据前面介绍的分析计算法的各计算公式，作如下计算：

虚拟的起点节点的最早开始时间为零，持续时间也为零，则该节点的最早结束时间也为零。即

$$ES_{ST} = 0$$

$$D_{ST} = 0$$

$$EF_{ST} = ES_{ST} + D_{ST} = 0 + 0 = 0$$

将上述计算结果虚拟的起点节点的左上方与右上方（图 3-61）。

继续计算，可以看出，1 节点 A 工作和 2 节点 B 工作前为虚拟的起点节点，表示 A、B 工作是该网络计划最先开始的工作，也是同时开始的工作，则其两工作的最早开始时间仍分别为零，即：

$$ES_1 = 0$$

$$ES_2 = 0$$

其各自的最早结束时间亦可根据相应公式在图上直接计算，即：

$$EF_1 = ES_1 + D_1 = 0 + 5 = 5$$

$$EF_2 = ES_2 + D_2 = 0 + 3 = 3$$

将计算出的以上各时间参数分别填入 1、2 节点的 ES 和 EF 的相应位置上，即节点的左上角和右上角。

然后继续依次逐个地计算以下的 3、4、5、6 节点。将以上计算结果分别填入各节点的相应位置上。

其次要计算最迟结束时间 LF_i 和最迟开始时间 LS_i

计算以上两个最迟时间应自虚拟终点节点始，逆着箭线的方向依次逐项计算，虚拟节点中的最迟结束时间即为该网络计划的计划工期，即

$$T_{\rm p} = LF_{\rm FIN} = LF_6 = 9$$
$$LS_6 = LF_6 - D_3 = 9 - 0 = 9$$

将 $LS_{\rm FIN}$、$LF_{\rm FIN}$ 标注在虚拟的终点节点的下左和下右的位置上。

依次类推，可以计算其他工作的最迟开始时间和最迟结束时间，标注于相应节点的下左、下右的相应位置。

接着要计算时差

根据前面公式分别计算本例题各工作的总时差与自由时差，将结果填写在相应节点的下方，这些公式为：

$$TF_i = LS_i - ES_i \tag{3-32}$$

$$FF_i = \min[ES_j - EF_i] \tag{3-33}$$

$$= \min[ES_j - EF_i - D_i] \tag{3-34}$$

计算结果可见图 3-61。

最后确定网络图的关键线路。

在网络图中找出总时差为零的节点（即工作），从起点节点到终点节点连成通路，该通路即为关键线路，关键线路在图中宜直接用双线、粗线或异色线标出，以使重点突出、一目了然。这是图上计算法所应特别要注意的。

为了使初学者更好地理解图上计算法的计算过程和计算特点，特在上面的叙述

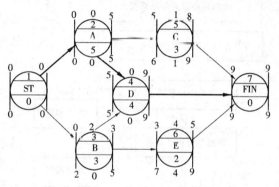

图 3-61　计算时间参数后的某单代号网络图

过程中增加一些计算的步骤和计算结果的文字说明。而在实际计算过程中，为加快计算速度，只需在熟练的基础上在图上直接进行计算即可，而不必写计算过程。

课题 4　建筑施工网络图的绘制和应用软件的介绍

在建筑工程施工的网络图上加注工作的持续时间和其他各时间参数等而编制成的进度计划，就成为建筑施工用的网络计划。网络计划的各时间参数的准确计算，为控制、调整工程进度计划，加强科学的施工管理提供各种实用、可靠的信息。实践证明，网络计划的确是表现施工进度的一种较好的形式，它能准确地表达各项工作之间的复杂的逻辑关系，使工程进度计划形成一个有机的整体，成为整个施工组织与管理的中心环节。

使用网络计划既可以编制建筑群体工程的施工总进度计划、单位工程施工进度计划以及分部分项工程的施工进度计划，也可以用来编制建筑企业的年、季和月度的生产计划，在工程的计划管理中，建筑施工网络计划可以有举足轻重的作用。

本节仅就建筑施工网络计划的编制步骤、一般排列方法以及单位工程网络计划的编制方法和步骤分别作以介绍。

4.1 施工网络图的绘制和一般排列方法

建筑施工网络计划是网络计划在施工中的具体应用，其对工程施工的组织、协调、控制和管理的作用是非常显著的。

建筑施工的网络计划的编制程序如图3-62所示。

- 首先制定施工方案，确定施工顺序；
- 然后将施工的工程对象分解为若干施工过程，确定其各自的工作名称及施工内容；
- 进而计算各项工作的工程量及相应的劳动量、机械台班数，确定各工作的持续时间；
- 在完成各基本数据的计算或估算后，绘制网络计划草图，进行网络计划的调整，绘制正式的网络计划；
- 计算网络计划的各相应的时间参数；
- 最后进行网络计划的优化。

为了使建筑施工网络计划的条理化和形象化，在编制网络计划时，应根据各自不同情况灵活地选用不同排列方法，使各项工作之间在工艺上和组织上的逻辑关系准确、清楚，便于施工的组织管理人员掌握，也便于对网络计划进行检查和调整。

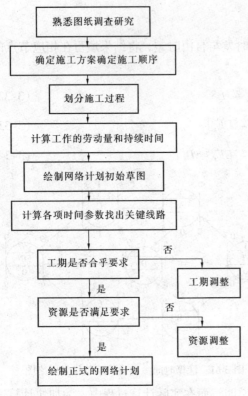

图3-62 施工网络计划编制程序框图

4.1.1 混合排列

这种排列方法可以使图形外观显得对称、美观，但在网络计划中的同一水平方向的工作既有不同工种的工作，又有不同施工段的工作。这种排列方法一般用于网络图形相对简单而容易合理排图的情形，如图3-63所示。

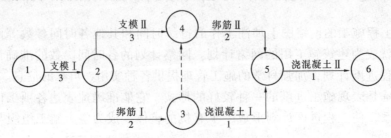

图3-63 网络图的混合排列

4.1.2 按施工段排列

通常可以用两种方法组织施工，即依次施工的方法和流水施工的方法。将施工对象划分成若干施工段，组织相应的专业施工班组按一定的顺序，在各施工段上连续施工，并按一定顺序依次从一个施工段转移到另一个施工段，此即流水施工的表示方法。按施工段的排列方法，是把同一施工段的各工作排在同一条水平线上，能够充分反映出建筑工程分段施工的特点，突出表示工作面的利用情况。这是经常用于表示工程计划的一种方法，如图 3-64 所示。

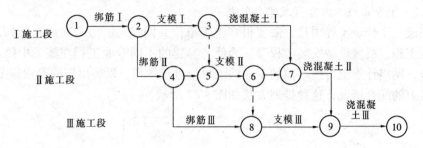

图 3-64　网络图按施工段排列

4.1.3　按工种排列

当施工网络计划要突出专业工种或专业施工班级施工的特点的话，可以将相同的专业工种或专业班组排列在同一条水平线上，以表示数个工种共同协作、连续施工的情况。若仍为图 3-65 所表示的工作内容的话，可以表示为图 3-65 所示的情况。这种按工种排列的方法也是网络计划的最常见的表示方法之一。

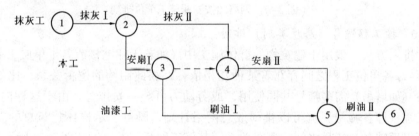

图 3-65　网络图按工种排列

4.1.4　按楼层排列

在组织多层或高层的建筑物施工中，有相当多的工作是可以按楼层展开的，比如装饰分部工程的有些工作以楼层为单位进行流水施工的组织，若装饰工作中的内檐装饰的地面抹灰、墙面抹灰和木门窗扇的安装等三项工作，在施工中如果其施工的空间流向是自上而下进行，而且是采用水平向下的方式的话，其网络图的排列方法可按图 3-66 所示。这种

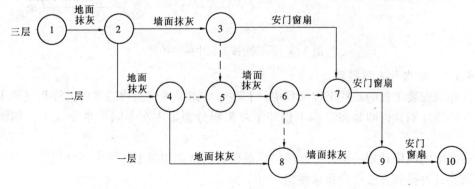

图 3-66　网络图按楼层排列

排列方法突出装饰工程以楼层空间组织流水施工的特点，也是在建筑施工网络计划中常见的排列方法。

4.1.5 按专业施工内容（或单位）排列

要完成一个建设工程项目，需要很多施工单位共同参与、协力完成，比如土建工程、水电安装工程、机械设备安装工程等。为使各参建的不同专业工程在施工中能通力合作、密切配合，网络计划也可按不同的专业施工单位进行排列，以突出不同专业施工单位在各个时间段上的配合情况，这种排列方法如图3-67所示。

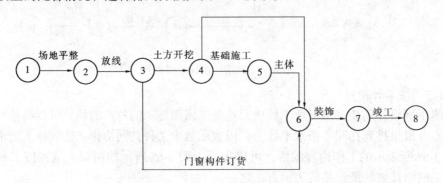

图 3-67　网络图按专业施工单位排列

4.1.6 按工程幢号（房屋类别）排列

这种排列方法一般用于建筑物的群体施工中（如若干住宅楼或若干单层工业厂房组成的项目等），各单位工程之间存在着某种互相依存、彼此制约的逻辑关系，比如垂直运输机械设备（如塔吊）需多幢号共同使用，或劳动力可统一安排等，由于这种内在的联系，各单位工程（即各幢号）就可以排列成总网络计划，既可表示群体建筑总的施工进度情况，又可以反映各个幢号之间的逻辑关系。其施工网络图的绘制如图3-68所示。

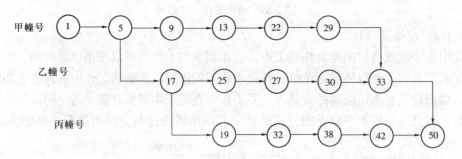

图 3-68　网络图按工程中幢号排列

4.1.7 按内外工程排列

在建筑安装工程的某些工程项目中，有些时候需要按建筑物的室内工程和室外工程分别排列网络计划，也即是将室内工程和室外工程分别集中在不同的水平线上，如图3-69所示。

在实际的网络计划的编排中，应根据需要灵活地选用以上各种网络计划的一种排列方法，或将几种排列方法结合起来使用。

图面合理布置是很重要的，给施工工地技术管理人员使用带来很大方便。在网络计划

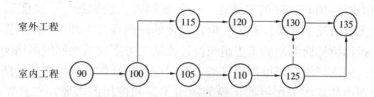

图 3-69 网络图按室内外工程排列

的图面上首先要清晰地反映施工过程的时间或空间，在反映不同的施工过程或不同工程项目时，应该也可以采取各种不同的排列方式。假若有些网络图在表达各种逻辑关系上是正确的，如果因为图面的混乱，使人难以看清楚各种复杂逻辑关系如何正确表达，也就难以使施工网络计划起到应起的作用。因此，采用例题的排列方法，与符合绘制规则是同样重要的。

4.1.8 按应用范围不同

根据网络图在工程中的应用范围的不同，可以分为局部网络图、单位工程网络图及综合网络图三种。

局部网络图：是指一幢建筑物（或构筑物）中的一部分或者以施工段为对象编制的网络图，例如以一个单位工程中的某分部工程为对象（如装饰工程）而编制的网络图。它只是单位工程网络计划的一个组成部分，是在整体网络计划中以局部出现而单独编制的网络图。

单位工程网络图：是指以一幢建筑物（或构筑物）为对象编制的网络图。它是相对独立的一个整体网络图。

综合网络图：是指一个建设项目或住宅小区的建筑群体为对象而编制的网络图。它是由若干个单位工程网络图构成的。

以上三种网络计划是用以具体指导施工的科学的计划方法。对于不复杂的、节点总数可控制 200 个以下的工程项目或者对应用大量的标准设计的工程项目，通常可以只编制一张较详细的单位工程网络计划；对于复杂的、协作单位比较多的群体工程，则可能分别按实际需要不同而编制三种不同的网络计划，用以在不同的阶段指导施工。这三种网络计划常被称为分级网络。

4.1.9 简单网络计划或复杂网络计划

网络计划按其各自的复杂程度可以分为简单网络计划和复杂网络计划。

简单网络计划是指自身工作数量较少，或划分线条较粗因而工作较少的网络计划（一般指节点数量在 500 个以下的网络计划。这种网络计划用小型计算工具或徒手就可以计算。

复杂的网络计划指施工过程划分较细，而工程比较大，比较复杂的网络计划，一般指 500 个节点以上的网络计划。这种网络计划计算显得繁琐而使手算难以胜任，必须将计算机的使用和网络计划的编制加以结合。

综上所述，通过对网络图多侧面多角度的分类，对于进一步认识和了解网络图的特点，对于正确绘制和准确计算网络图是有很大帮助的。

4.2 工作的简化组合与网络图的并图

4.2.1 工作的简化组合

作为施工现场使用的施工网络图，尤其是用以工地项目管理人员、建设监理人员等的工期控制使用的网络图有很强的实施性，一般要画得比较详细，以便能真正用以指导施工。这是在大多数情况下都要注意的。但在其他的一些场合，却不一定需要很详细的网络图，比如在为投标招标而编制的施工组织设计或施工方案时所绘制的网络图，或者供决策部门参考使用的网络图没必要编得很详细，此时应将较详细的网络图进行简化，简化的方法即是将网络图中的某些工作根据正确的逻辑关系和使用的需要加以必要的组合或者合并，使施工网络计划编制得粗线条化，使该网络计划在实际使用过程中更多地具有控制作用和指导作用。

例如可以将一个单位工程的网络计划分别合并而且组合成以分部工程为基本单元的网络图，可以将编制对象分解成基础工程、主体工程、防水工程、装饰工程等分部工程，还可以包括设备安装和水电安装等特殊的专业工程。如图 3-70 所示。

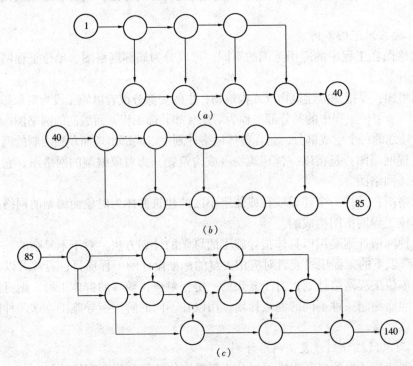

图 3-70　某单位工程分部工程网络图
(a) 基础施工网络图；(b) 主体施工网络图；(c) 装饰施工网络图

简化成分部工程的网络图如 3-71 所示。

在多层高层建筑的施工网络计划中，则可以按施工的楼层编制绘图，比如绘制一个标准层的详细的施工网络图，再将各标准层均各以一个箭线分别表示出。在建筑物的群体施工中，在住宅小区的多幢建筑物的施工中，可以以每幢建筑物为一个基本单位来组合，分别以每幢建筑物为一根箭线在网络图中表示。这样做，可以极大地减少网络中的箭线数量，而使图形简明、清晰，合乎使用要求。

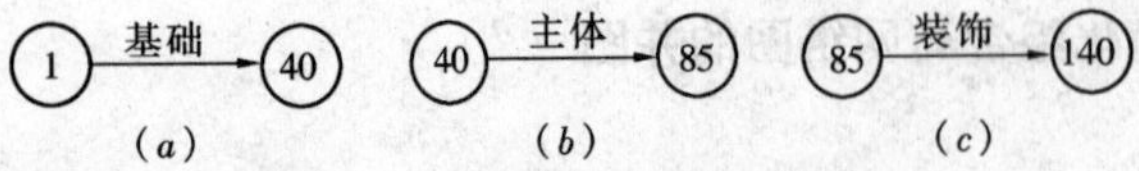

综上所述，人们完全可以根据不同的具体情况，不同的使用要求，来

图 3-71　上例简化后的网络图
(a)基础施工网络图；(b)主体施工网络图；(c)装饰施工网络图

决定网络图组合简化的程度，灵活地使用不同的排列方法，而适用于施工计划管理的不同需要。

4.2.2 网络图的连接

网络图的连接也称并图，适用于绘制复杂的施工网络计划而常采用的方法。

编制一个较复杂的建筑工程网络图时，通常可以先将其划分成若干个相对独立的部分，然后将各部分网络图分别绘出，最后再将各部分合并为一个整体，构成一个完整的网络图。

将建筑工程对象划分成若干独立部分时，分界点一般选择在箭线和节点较少的位置，或者按施工部位（即分部工程）分块，如图 3-72 所示，将砖混结构的住宅施工划分成基础分部工程和主体分部工程施工相应的两块。

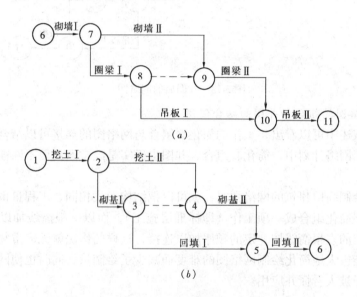

图 3-72 网络图的分解
(a) 基础施工网络图；(b) 主体施工网络图

分界点要用重复编号，即前一块的最后一个节点编号，和后一块的第一个节点编号应该是相同，以表示二者之间原本固有的联系。对于比较复杂的施工工程可以把整个工程对象划分成若干分部工程，把整个网络计划分解成若干个小块来编制，使编制网络图的工作更易于标准化，更合乎逻辑关系，更便于使用。

将上述分解的各网络图的局部，连接起来合并而成一个总体网络计划，即所谓网络图的连接，也就是网络图的并图。我们可以以民用建筑的砖混结构的施工为例，先分解成基础工程、主体结构、装饰工程等分部工程及水电设备安装等专业工程的局部独立网络图，然后再将这些局部独立的网络图按正确的逻辑关系连接起来，形成一个单位工程的整体施工网络计划。

图 3-73 是由基础工程、主体结构两个局部网络图连接而成的总体网络计划。

在将局部网络图连接而形成整体网络图时，应根据实际工作的工艺逻辑关系和组织逻辑关系进行并图，并图时必须保持各分部工程（或专业工程）之间存在的逻辑关系的正确性。当出现多余而且错误的逻辑联系时，应该采用相应的方法加以解决，一般是正确地使用断路法予以解决，多余的节点和不必要的虚箭线在绘制以后的检查时予以删除，使并图后的网络计划图面更加简洁，逻辑关系表达正确，能准确反映实际的施工进度。

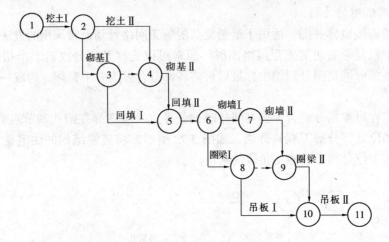

图 3-73　并图后的网络图

4.2.3　网络图的组合和并图的结合使用

由以上的叙述中可以看出，工作的简化、组合与网络图的连接可以结合起来使用，而且事实上在施工网络计划中，简化、组合、并图也确实是经常遇到而不断被灵活使用的方法。

例如，在绘制高层建筑的网络图时，就可以把结构形式相同、工程量也基本相同的各楼层作为标准层简化组合成一项工作（即标准层施工），而以一根箭线加以表示，然后将表示若干标准层的多根箭线按一定的顺序加以连接，这样的作法就无需重复地绘制各楼层的网络图，可能极大地简化绘制网络图的难度而减少了绘制量，同时也使网络图的图面更为简洁，更易于被人看懂并应用。

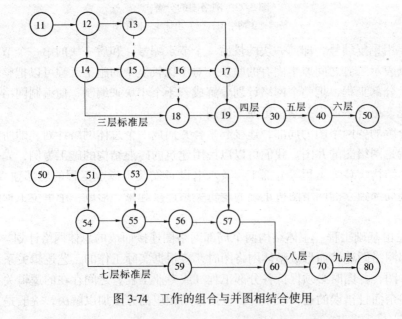

图 3-74　工作的组合与并图相结合使用

由于高层建筑层数较多，不同的楼层高度可能对垂直运输机械乃至施工的效率产生一些影响，或许各层的工程量也存在着某些差异，因而在相隔若干个标准层后，持续时间可能需要一些调整。在正确地解决由于这些调整而可能引起的时间和工期的变化后，就能使所编制的施工网络计划从时间和空间上正确反映整个建筑的施工进度。在网络图的绘制上也应反映出这些变化与调整。图 3-74 所示的网络图就是反映这种情况的网络计划。

这个网络计划的前四层工程量等相同，每层持续时间为 T，当正确地绘制第一个标准层施工的网络计划后，以上三层的网络计划的绘制就无需重复，每个标准层只需要用一根箭线来表示。但是从第七层以后，各个标准层所需持续时间发生了变化，这时就应重新绘制该标准层的网络图，设每层总持续时间为 T'，以后往上各层的持续时间也与此相同，这时也没必要细画，用一根箭线来表示以上每层的施工，将这多根箭线按正确地顺序加以连接起来，这样使该工程网络计划的绘制大为简化了。

4.3 应 用 软 件 简 述

运用现代管理知识和手段，建立并完善科学、规范的现代企业管理及质量保证体系是工程项目管理多年来一直追求的目标。而在计算机技术飞速发展的今天，科学管理又离不开计算机的推广、应用。在工程施工管理中推广和应用计算机，是企业加强工程项目科学管理的重要方面，是企业提高现代化管理水平的必由之路。网络计划技术是现代工程项目管理的核心工具和主要技术。国内外已开发出众多的项目管理软件，这些工程管理软件主要包括计划管理、资源管理、成本管理三大模块，并辅之以人工智能（AI）、专家系统（KBES）、计算机辅助设计（CAD）等内容。随着计算机的日益广泛的推广和应用，各类项目管理软件的不断开发，计算机与网络计划技术的联合应用，已不是停留在对已建好的网络计划进行动态的处理阶段，而是发展到一个崭新的阶段，如涉及到自动识别工程设计的 CAD 施工图，从中采用网络计划所需的各类数据，自动生成网络计划。这些智能系统是在传统的项目管理软件前期工作的新拓展，对于进一步推广网络计划技术，实现数据共享和自动化处理，具有深远的理论和实践意义。

4.3.1 网络计划软件的主要功能

计划管理是以系统工程学网络技术为理论依据，在施工企业中目前主要使用关键线路法（CPM）进行项目施工进度计划乃至企业生产计划的编制。在充分考虑和分析各项工作之间正确、合理的逻辑联系的基础上，编制网络图，进行时间参数的计算，以实现对工期的优化控制；同时可对与项目有关的劳动力、材料、机械设备等资源进行全面的管理和科学的配置，实现资源均衡的控制目标；也可以通过对各项工作的时间和资源的控制，确定各项费用率，以求得降低成本的目标。

网络计划软件的开发与应用应充分考虑不同领域、不同层次、不同目标、不同对象的用户需要，着眼于其技术的先进性，使操作更加简便、快捷，因而网络计划软件应具有功能完善、使用便捷、且覆盖面广的特点，能充分适应我国现行的管理体制的需要，以使施工管理水平能显著提高，适应飞速发展的形势的需要。

网络计划软件系统应具备的各种功能如下：

- 原始数据的输入、保存、预览、检验；
- 建立各项工作间的逻辑关系，确定工作节点的位置号；

- 网络计划的编制；
- 计算网络计划的各时间参数，确定关键线路和关键工作；
- 网络计划的工期优化、工期—资源优化和工期—成本优化；
- 网络计划与横道图之间的相互转换；
- 网络计划的动态控制和调整；
- 资源的均衡配置，绘制资源需用量曲线；
- 施工计划实施从工作日向日历工日的转换；
- 与其他施工计划文件以及与施工图预算的接口；
- 各种图形、表格的编辑、检索、统计、修改、输出等功能。

网络计划软件功能的不断完善、不断发展，适应了提高施工组织和管理水平的需要，促进了网络计划技术的推广和应用。

从发展的趋势看，网络计划软件应对实际情况有更大的适应性。在实际的施工过程中，各种变化和不可预见的影响因素较多。新一代的网络计划软件应该对诸多的变化有较强的应变能力，对变化了的情况能及时作出反应并进行相应的调整，使网络计划与实际情况达到最大限度的结合。

其次，软件功能与实际管理手段的统一，也是发展网络计划软件功能所追求的目标。对某些实际问题的解决，现有软件的处理方式与管理者目前采用的方式会有诸多不同。新一代软件所提供的应是为管理者所期望，并能确实付诸实施的功能。

另外，网络计划软件满足更高更强的用户化要求。所谓用户化要求是既要满足操作简便的要求，令使用者易于学习、易于掌握，因而易于推广和使用；又要有一定的连接性，即网络计划软件与其他软件（如概预算软件、计划统计软件等）之间有适当的接口，可以进行数据的共享和相互传输。

再有新一代网络计划软件应具有更深更广的层次化，其所涉及的网络图不仅是较为理论化的单体网络图，而且应是高级的乃至群体网络计划技术，它可以使施工的管理工作向深度和广度方面延伸和拓展，具有很高的系统化程度。

4.3.2 系统模块的结构设计

网络计划软件经历了较长时间的发展，随着其在建筑工程领域的广泛应用，使网络计划软件的系统规模不断扩大，产生了日趋复杂的结构关系。为了使用便捷、操作简单，可将网络计划的软件系统分解成不同层次的模块化结构。这种层次化是将满足各自功能的系统分解成子系统，进而划分成模块。使网络计划软件在宏观控制和微观协调上实现兼顾与协调。

在综合考虑全局与局部、总体与细节、抽象与具体的关系原则后，建立系统的模块结构，而使软件系统具有清晰、易读，便于修改、易于维护的特点，这就是系统模块设计的出发点。根据上述原则可将网络计划软件的主控模块划分为若干个子系统模块。

这些子系统可有：网络计划的编制系统，时间参数计算及网络计划的优化系统，实际工程进度的监测分析，实施进度计划的比较系统，网络计划的调整系统，资源的调配和平衡系统，以及输出系统等。如图 3-75 所示。

（1）网络计划的编制系统是指编制计划，生成网络图的系统。该系统包括各项原始资料、原始数据的输入，建立明确的工作间的逻辑关系，即输入各项工作的名称、编号以及相关的逻辑关系（紧前工作及紧后工作），计算机可据此生成该工程的网络图；该系统还包括对生成的网络进行检查的功能，可以根据绘制网络的基本规则，检查生成的网络图是否存在着逻辑错误（如网络图中是否存在循环回路，是否存在非起点节点和终点节点的孤立节点等），指出错误发生的位置，并确认网络图的正确性。

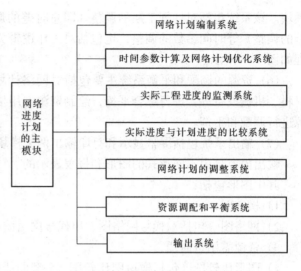

图 3-75　网络计划主控模块框图

在复杂的多级群体网络中，各个子网络的生成与单体网络的生成方法相同，并且可独立贮存在计算机内。各个子网络可以通过计算机的程序按需要随时可进行分解与综合。但是应该使不同层次的网络图的节点编号不重复，故可采用统一的编号系统。

（2）时间参数计算及网络计划优化的系统是完成各参数计算功能的系统，包括了时间参数的计算，关键线路与关键工作的判别，网络计划的优化，以及工作时间转化成日历时间等模块。

在计算网络计划的各时间参数以前，需输入的初始网络数据，即包括各项工作的持续时间（即正常时间）、极限时间（即最长时间和最短时间）、正常费用、极限费用、间接费、资源量、总工期限制以及资源限制等。若采用非肯定型网络（如 PERT），还需输入不同时间的估计值。

在时间参数计算的模块中，可有工作最早时间（包括最早开始与结束时间）的计算、工作最迟时间（包括最迟开始与结束时间）的计算、网络计划的各时差计算等子模块。这些参数是在肯定型网络中的计算内容。

若采用非肯定型网络，则应计算的内容有各工作平均时间的计算（持续时间估算值）。其中有平均最早开始时间、平均最早结束时间、平均最迟开始时间、平均最迟结束时间、总时差与自由时差，以及关键线路和总工期平均值。

在网络计划优化的模块中，可以有诸如工期优化、工期—资源优化和工期—成本优化等模块。

在本系统中可以将工作日转化成日历时间。实际工程中多以日历时间表达工程的进度计划，而网络图上的时间参数是计划开始的瞬间确定为零的。使用网络计划软件的转换模块，可按开工的实际日期，把工作的工作日转换成日历时间，可据实自动扣除周休息日和节假日休息时间。如此可以使网络计划在实际上有更好的适用性。

（3）网络计划的监测系统包括对实际工程进度的跟踪统计、采集数据、分析进度计划的偏差，进度偏差与总时差、自由时差的比较等模块。

（4）网络计划的比较系统是采用各种方法和曲线进行工程进度的比较控制的系统。可有包括横道图比较、S 形曲线的比较、香蕉曲线的比较等模块。

（5）网络计划的调整系统是在进度计划的监测和比较基础上针对各偏差而实施调整的

模块。该系统包括对计划工期的调整（即总时差的调整），对紧后工作的调整（即自由时差的调整）等时间参数的调整，也包括对工作逻辑关系的调整。其进行计划调整的系统过程如图 3-77 所示。

（6）资源的调配和平衡系统主要包括对网络计划中所需要的各种资源（包括劳动力、材料、机械设备等）进行综合平衡，绘制资源需用量曲线。也包括利用网络图的时差对资源进行调配和平衡。

（7）输出系统包括屏幕显示和打印输出两个模块。

输出内容是由不同形式的图形和报表表示的。

其中图形包括：

1）横道图；

2）网络图（包括双代号网络图、单代号网络图、时标网络图等）；

3）资源需用量曲线；

4）图形比较图（包括横道图比较图、S 型曲线、香蕉曲线、横道图与香蕉曲线综合比较图等）。

表格包括：

1）各层次网络图所涉及不同原始数据的初始表；

2）网络图计算参数数据表；

3）网络图优化数据表；

4）各层次网络图进度统计表；

5）每日进度报表；

6）各层次网络图分析报告表；

7）各种进度比较报表；

8）进度预测表格及说明；

9）网络图调整表格及说明；

10）计划完成情况表格及说明；

11）日历工期对照表；

12）资源需用量的各单位时间（如日、周、月等）的报表。

4.3.3 主要网络计划软件介绍

网络计划软件的开发一般说经历两个阶段，其发展的特征是与计算机技术的发展密切相关的。早期开发的网络计划软件都是在大型计算机上运行的，这些软件均具有绘制网络图、计算各时间参数、网络计划的优化以及可配置和均衡资源等基本功能，但由于计算机技术发展的限制，该类软件处理功能不强，输出图形不够美观，报表内容不丰富，而且均需由专业人员操作，限制了网络计划软件的普及和推广，因而仅用于大型的项目的计划工作。

最近十多年，微机的进一步普及，给计算机应用于网络计划创造了非常优越的条件。网络计划软件不仅可以用于业主（或监理工程师）的项目进度控制，而且在工程承包单位的计划管理和进度控制方面可以得到充分的应用。它不仅适用于施工阶段的进度控制，而且适用于基本建设的其他阶段（如设计阶段，招、投标阶段）的进度控制；不仅适用于较低层次（如施工的实施性）进度的控制，而且还适用于较高层次（如项目总进度、施工总进度）的控制。由于网络计划软件在微机上应用是一人一机系统，其应用非常方便，在具备了该系统相应的硬件与软件之后，操作者将起到关键作用，对操作者的水平、能力要求和广泛性，将关系到网络软件是否能正常运行广泛采用并能否充分发挥效益。现已实现由少数专业人员使用向广大工程管理专业人员的过渡。

近年来陆续有很多通用的和专用的网络计划软件问世，1983 年第一代微机网络计划软件 Marvara Project Manager 被推出，随后各种软件不断产生，1987 年又推出 P3（即美国的 Primavera Project Planer 的简称）。以后在 1989 年又有被推荐的 HTPM1.0（即 HTP 软件，Harvand Total Project Manager）。再后又有 HTM3.0，即在 HTPM 软件的基础上进行某些改进，并赋予其部分新的功能。1990 年美国 SYMANTEC CORPORATION 软件公司又推出 TL4.0（即 TIMELINE: Project Management and graphic spftware ver 4.0）软件。美国微软公司根据其推出的 WINDOWS3.1 操作环境特点而用于 WINDOWS 环境的项目管理软件 MP4.0（即 Microsoft PROFECT4.0 for WINDOWS）。除此之外，还有英国的 ARTMIS，我国的 M-PERT、NP3.1、GSWL 以及中建公司的全工程网络计划软件 XMWL V3.0 等。

这些软件是在发展中不断地完善其编制、计算、优化网络计划的各类功能的。如可以具备自动识别 CAD 工程图，提取网络计划所需的数据、自动生成网络计划的功能；具有各项时间参数计算和关键线路分析，进行资源配置均衡和网络计划优化的功能；可以有图形的屏幕显示、编辑、修改、输出功能，即可以显示各类曲线和图形（如横道图、标时网络图和时标网络图，资源需用量的直方图，以及 S 形曲线、香蕉曲线及其他图形和曲线）。这些软件普遍采用的屏幕菜单与窗口技术，极大地方便了用户，为推广应用网络软件创造了条件。

复习思考题与习题

1. 什么是网络图？什么是网络计划？
2. 什么为双代号网络图？什么是单代号网络图？
3. 对比横道图与网络图，指出各自优缺点有何不同？
4. 工作与虚工作有什么不同？虚工作的作用有哪些？
5. 试述网络图绘制要遵循哪些原则？
6. 双代号网络图要计算哪些时间参数？有哪些计算方法？
7. 试述单、双代号网络图有什么不同的特点？
8. 解释什么是关键线路？什么是总时差？什么是自由时差？
9. 网络计划中的工期有哪几种？各自含义是什么？它们存在什么关系？
10. 单代号网络图与双代号网络图时间参数计算有什么不同？
11. 以双代号网络图表示以下逻辑关系
（1）B、E、F、D 衔接，E、A、C、D 衔接。
（2）A、B 后 D、B 后 E、A、B、C 后 F、G，A、B、C 同时开始。
（3）B、E、H、K 同时开始，计划开始。
（4）E、F 工作同时开始并同时完成后，H、J 开始。
（5）G 后 H、F，E 后 A、C，A、H 后 D，F、C 后 B，G、E 同时开始。

12. 指出以下网络图中错误，并说明理由

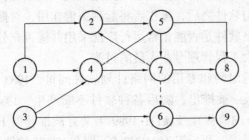

13. 根据以下资料绘制双代号网络图，并指出关键线路及总工期

工 作 编 号	持 续 时 间	工 作 编 号	持 续 时 间
①—②	3	④—⑦	2
①—③	2	⑤—⑥	4
②—⑤	4	⑥—⑦	4
③—④	0	⑥—⑧	6
④—⑤	3	⑦—⑧	5

14. 根据下列数据（先填写紧后工作），绘制双代号网络图，并指出关键线路工期

工作代号	A	B	C	D	E	F	G	H
紧前工作	—	—	A	AB	B	CD	E	FG
紧后工作								
持续时间	4	2	4	2	6	1	3	2

15. 根据下列数据，先填写紧后工作，列出位置号，绘制双代号网络图

工 作	A	B	C	D	E	F	G	I	K
紧前工作	C	A、I	—	—	C	E、D	E、D、K	E、D	—
紧后工作									
持续时间	3	5	2	4	3	2	4	3	2

16. 已知网络图的资料，填出紧后工作，绘出双代号网络图，然后改为单代号网络图

工 作	A	B	C	D	E	G	H	I	J	K	L	M	N	P	Q	R
紧前工作	—	A	BR	BL	DN	J	GP	HQ	CE	N	A	L	M	K	JP	M
紧后工作																
持续时间	3	5	6	7	10	6	5	4	3	2	4	3	2	4	3	5

17. 用图上计算法计算各时间参数，并用四时标注法标注，指出关键线路

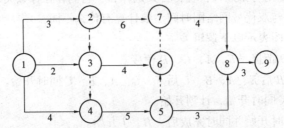

18. 用图上计算法计算各时间参数，并用四时标注法，指出关键线路

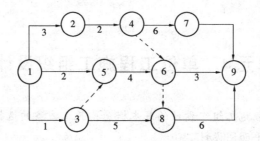

19. 根据以下数据绘制双代号网络图，并用图上计算法加以计算

工 作 代 号	时　　间	工 作 代 号	时　　间
①—②	10	⑤—⑦	9
①—③	12	⑤—⑨	8
①—④	0	⑥—⑦	0
②—④	14	⑥—⑧	7
②—⑤	6	⑦—⑧	6
③—④	13	⑦—⑨	11
③—⑥	7	⑧—⑩	7
④—⑤	11	⑨—⑩	13

单元 4　单位工程施工组织设计

知　识　点：单位工程施工组织设计的基本概念；施工方案的选择和编制；施工进度计划的组织和编制；施工平面图设计。

教学目标：通过教学，使学生掌握单位工程施工组织设计的基本方法，能独立编制简单的单位工程施工组织设计。

单位工程施工组织设计是以单位工程为对象，用以指导施工全过程的技术经济文件。它既可作为投标文件的一部分（标前施工组织设计），也是施工单位取得单位工程施工项目后编制季、月度施工作业计划、分部分项工程施工设计及劳动力、材料、构件、机具等供应计划的依据（标后施工组织设计），并且是施工前的一项重要准备工作，同时还是施工企业实现生产科学管理的重要手段。但单位工程施工组织设计应涉及的范围和深度，在理论和工程实践上并没有统一的规定，应视项目的特点及具体要求而定，本单元仅就单位工程施工组织设计核心、重点的内容组成及编制方法进行介绍和学习。

课题 1　工　程　概　况

单位工程施工组织设计中的工程概况，是对拟建工程的工程特点、地形、地貌和施工条件等作的一个简要的文字介绍。为了弥补文字叙述的不足，可附上拟建工程的平、立、剖面简图，图中要注明轴线尺寸、总长、总高、总宽及层高等主要建筑尺寸，细部构造尺寸可不注。

当拟建工程和结构不复杂，规模也不大时，可采用表格的形式来对工程概况进行说明，见表4-1：

工程概况主要包括工程建设概况、工程施工概况和工程施工特点等内容。

（1）工程建设概况

主要说明：拟建工程的建设单位、工程名称、性质、用途、作用和建设目的、资金来源、开竣工日期、设计单位、施工单位等情况、施工图纸情况、施工合同、主管部门的有关文件或要求，以及组织施工的指导思想等。

（2）工程施工概况

这部分主要是根据施工图纸，并结合调查资料，用简练的语言来概括工程全貌、全面分析、突出关键问题。特别是对新结构、新技术、新工艺及施工的难点，要重点说明。具体内容分述如下：

1）建筑设计特点

主要说明：拟建工程的建筑面积、平面形状和平面组合情况、层数、层高、总高、总宽、总长等尺寸及室内外装修的构造及做法等。

2) 结构设计特点

主要说明：基础的类型、埋置的深度、设备技术的形式、主体结构的类型及各构件所采用的材料和尺寸，预制构件的类型、重量及安装位置等。

工 程 概 况   表 4-1

建设单位	工程名称	设计单位	建筑面积 (m²)			性 质	结 构	层 次
			地 下	地 上	合 计			

地质资料	钻探单位	技术经济指标	总造价 (万元)	
	持力层土质		单方造价 (元/m²)	
	地 耐 力		钢材用量 (kg/m²)	
	地下水位		水泥用量 (kg/m²)	
			木材用量 (m³/m²)	

工 程 简 况 及 主 要 实 物 量

项 目	说 明	项 目	单 位	数 量	其 中
平面图形		挖土 / 运土	m³		
长、跨度、高		填 土	m³		
地下室		砌 石	m³		
基 础		砌 砖	m³/万块		
梁、柱		捣制混凝土	m³		无筋混凝土 m³
板		预制梁	m³/根		最重 t/根
墙 体		预制柱	m³/根		最重 t/根
门 窗		预制板	m³/块		最重 t/块
圈 梁		预制桩	m³/根		桩长 m
楼 梯		门 窗	m³/樘		
屋 面		屋 面	m²		
地 面		钢结构	t		
内、外装饰		内、外粉饰	m²		
水 暖		水 暖			
电 照		电 照			

3) 建设地点的特征

主要说明：拟建工程的位置、地形、地质、地下水位、水质、气温，冬、雨期起止时间、主导风向、风力和地震烈度等。

4) 施工条件

主要说明："三通一平"的情况、施工现场及周围的环境。预制构件的生产能力及供应情况，当地的交通运输条件，施工单位机械、设备、劳动力、材料等的到位情况，内部承包方式、劳动组织形式及施工管理水平、现场临时设施、供水供电问题的解决等。

(3) 工程施工特点

主要说明：拟建工程在施工过程中的关键问题，以便具有针对性地选择施工方案，保证资源的及时供应和科学合理地配置技术力量，使施工能连续、顺利地进行，提高施工企业的经济效益和管理水平。

不同类型的建筑，不同的施工条件均有其不同的施工特点，如多层砌体结构房屋的施工特点是：砌筑和装饰工程量大，垂直和水平运输量大等。现浇钢筋混凝土高层建筑的施工特点是：结构和施工机具设备的稳定性要求高，钢材加工量大，模板工程量大，混凝土浇筑困难，搭设的脚手架必须进行设计计算，安全问题突出。

课题2 施工方案的选择

施工方案是单位工程施工组织设计的核心问题。施工方案科学合理与否，将直接影响工程的施工效率、质量、工期和技术经济效果，因此必须在思想上引起高度的重视。

施工方案的内容包括：确定施工起点流向、施工程序和顺序、主要分部分项工程的施工方法和施工机械等。

2.1 施工流向和施工程序的确定

2.1.1 确定施工起点流向

施工起点流向是指单位工程在平面或竖向上施工开始的部位和开展的方向。一般来说，对单层建筑，只要按其工段、跨间分区分段地确定平面上的施工流向即可；而对多层房屋，除了要确定每层平面上的施工流向外，尚要考虑竖向的施工流向，如室内抹灰是采用自上而下，还是采用自下而上的施工流向。

在确定施工起点流向时，应考虑如下几个因素：

(1) 生产工艺流程

这往往是确定施工流向的关键因素。一般，主要车间或制约其他车间及工程的应先施工。如 B 车间的产品受 A 车间生产的制约，A 车间分三个施工段。而Ⅱ、Ⅲ段的施工受Ⅰ段的约束，故其施工流向应从 A 车间Ⅰ段开始，如图 4-1 所示。

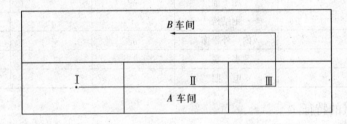

图 4-1 施工起点流向示意图

(2) 建设单位对生产和使用的需要

要考虑建设单位对生产和使用要求急的工段或部位先施工。

(3) 施工的繁简程度

一般对工程量大、技术复杂、工程进度慢、工期长的工段或部位先施工。

(4) 房屋高低层或高低跨

柱子的吊装应从高低跨并列处开始；屋面防水层按照施工先高后低的方向施工；同一

层面则由檐口到屋脊方向施工；基础有深浅时，应按先深后浅的顺序施工。

（5）施工现场条件和施工方案

施工场地的大小，道路的布置和施工方案的不同，是确定施工起点流向的主要因素。如土方工程边开挖边余土外运，则施工起点应确定在离道路远的部位和由远及近的开挖方向。

（6）分部工程的特点及其相互关系

根据不同的分部工程及其相互关系，施工起点流向在确定时也不尽相同。如基础工程由施工机械和方法决定其平面、竖向的施工流向；主体工程一般均应自下而上施工；装饰工程竖向的施工流向较复杂，室外装饰可采用自上而下的流向，室内装饰则可采用自上而下、自下而上或自上而中与自中而下的三种流向。

室内装饰工程自上而下的流水施工方案，是指主体结构封顶且屋面防水完工后，由顶层开始逐层往下进行，其施工流向一般有水平向下和垂直向下两种形式。一般情况下，采用水平向下这种形式较多。

这种施工起点流向的优点是：主体结构完成后，有一定的沉降时间，建筑物的沉降趋于稳定，屋面防水工程质量可以得到保证。由于各施工过程之间交叉少，便于组织施工、保证施工安全、垃圾清理也方便。其缺点是不能与主体工程搭接，因而工期相应较长。

室内装饰工程自下而上的流水施工方案，是指主体工程完成三层以上时，装饰工程从底层开始，逐层向上施工，其施工流向一般有水平向上和垂直向上两种形式。

这种施工起点流向的优点是：由于装饰工程与主体工程能交叉进行，故工期相应较短。其缺点是：由于各施工过程交叉多，因此应精心进行组织，并采取相应安全措施。特别是采用预制楼板时，应防止上层主体结构施工用水下流，从而影响装饰工程质量。

而自上而中再自中而下的施工流向，综合了上述两者的优缺点，一般适用于高层及超高层建筑的装饰工程。

2.1.2 施工程序的确定

施工程序是指单位工程中各分部工程或施工阶段的先后顺序及其制约关系。由于施工对象及施工条件的不同，其施工程序也有差异。但仍要遵守各阶段都必须完成规定的工作内容，并为下一阶段的工作创造条件的原则。单位工程在确定施工程序时，应注意以下几方面：

（1）先地下后地上

先地下后地上主要是指在地上工程开始前，尽量将管道、线路等地下设施、土方和基础工程完成或基本完成，以免造成返工或对上部工程产生干扰，给工程施工带来不便，既影响质量，又会造成浪费。

（2）先土建后设备

先土建后设备主要是指一般的土建工程与水暖电卫等工程的总体施工程序，一般是先进行土建工程的施工，后进行水暖电卫等工程的施工。至于设备安装，在土建某一施工过程之前穿插进行，实际应属于施工程序问题。对于工业建筑，要根据其建筑类型而采用不同的程序，如一些重型工业厂房，就可能要按先设备后土建的程序施工。

（3）先主体后围护

先主体后围护主要是针对框架结构而言，但要注意这两项工作之间的合理搭接。一般来说，多层建筑少搭接为宜，而高层建筑应尽量搭接，以缩短工期。

（4）先结构后装饰

先结构后装饰是就一般情况而言的。有时为了缩短工期，也可以部分搭接施工。另外，随着新的结构体系的涌现和建筑工业化的提高，某些构件就是结构与装饰同时在工厂完成的，如大板结构的各种板。

2.2 确定施工顺序

施工顺序是指分部分项工程施工的先后顺序。合理地确定施工顺序是编制施工进度计划的需要。在确定施工顺序时，应遵循以下原则：

（1）必须符合施工工艺的要求

这一要求是指在施工过程中一般不可违背的客观规律。如土方工程完成后，才能进行基础施工；墙体砌完后，才能进行抹灰施工；钢筋混凝土构件必须在支模、绑扎钢筋工作完成后，才能浇筑混凝土。

（2）必须与施工方法协调一致

例如采用分件吊装法，则施工顺序是先吊装柱，再吊梁，后吊屋架系统；若采用综合吊装法，则施工顺序为第一个节间所有的构件吊装完后，再依次吊装下一个节间，直至全部吊完。

（3）必须考虑施工组织的要求

例如一般的室内装饰工程，在确定其施工顺序时，应按照施工组织设计规定的先后顺序施工。

（4）必须考虑施工质量的要求

在确定施工顺序时，应以工程质量为前提。如在采用由下而上的施工方案时，顶层楼面应完全封闭，在不渗漏水的情况下，才能安排下层室内装饰。为了保证质量，楼梯抹面最好安排在上一层的装饰工程全部完成后进行。

（5）必须考虑当地气候条件

如在雨期和冬期到来之前，应先做基础、主体等室外工程，为室内施工创造条件。

（6）必须考虑安全设施的要求

在确定施工顺序时，必须要注意安全。如当屋面采用卷材防水时，外墙的装饰施工应安排在屋面防水施工完成后进行。

现将多层砌体结构民用住宅楼、多层现浇钢筋混凝土框架楼和单层工业厂房的施工顺序分别介绍如下。

2.2.1 多层砌体结构民用住宅楼的施工顺序

多层砌体结构民用住宅楼的施工，按房屋的部位、材料及工艺的不同，一般可划分为基础工程、主体工程、屋面及装饰工程三个施工阶段。某三层砌体结构民用住宅楼施工顺序如图 4-2 所示。

（1）基础工程的施工顺序

基础工程是指室内地坪（±0.000）以下的所有工程的施工阶段。其施工顺序一般是：挖土→做垫层→砌基础→设防潮层→回填土。如有地下障碍物：墓穴、枯井、人防工程、软弱地基，一定要先进行处理；如有桩基础，应先进行桩基础施工；如有地下室，应在垫层完成后，进行地下室底板、墙身施工，在做完防水层后安装地下室楼板，最后回填土。

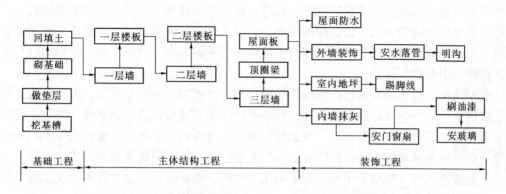

图 4-2　三层砌体结构民用住宅楼施工顺序示意图

这时要注意，挖土与垫层的施工搭接要紧凑，间隔的时间不宜过长，以防雨水灌槽，从而影响地基的作用效果。此外，垫层施工后要留一定的技术间歇时间，使其具有一定的强度后，再进行下一道工序的施工。各种管沟的挖土、砌筑、铺设应尽可能与基础施工配合，平行搭接进行。一般回填土在基础完工后一次分层夯填，为后续施工创造条件。对零标高以下室内回填土，最好与基槽回填土同时进行，如果不能，也可以留在装饰工程之前，与主体工程施工同时交叉进行。

（2）主体工程的施工顺序

主体工程是指基础工程以上，屋面板以下的所有工程。这一施工过程主要包括：搭设垂直运输机械及脚手架、墙体砌筑、安装楼板或现浇柱、梁、板、雨蓬、阳台、楼梯等施工内容。

当圈梁、构造柱、楼板、楼梯为现浇时，其施工顺序为：立构造柱筋→砌墙→安柱模→浇柱混凝土→安梁、板、梯模板→绑梁、板、梯钢筋→浇梁、板、梯混凝土。在组织主体工程施工时，一方面要尽量使砌墙的过程连续进行，另一方面要重视现浇楼梯、厨房、卫生间现浇楼板的施工。现浇厨房、卫生间楼板的支模、绑筋可安排在墙体砌筑完后，最后一步插入，在浇筑圈梁的同时一齐浇筑。当采用现浇楼梯时，更应与楼层施工紧密配合，否则会由于受养护时间的影响，使后续工程不能按期进行。

（3）层面及装饰工程的施工顺序

这个阶段具有施工内容多、劳动消耗量大、手工操作多、持续时间长等特点。

层面工程的施工顺序一般为：找平层→隔汽层→保温层→找平层→刷冷底子油→防水层→保护层。 一般情况下，屋面工程可与装饰工程进行搭接或平行施工。

装饰工程可分为室外装饰（勾缝或抹灰、勒脚、散水、台阶、明沟、水落管等）和室内装饰（顶棚、墙面、地面、楼梯、抹灰、门窗安装、油漆、安门窗玻璃、做踢脚线等）两类。室外装饰工程的施工顺序一般有先内后外、先外后内、内外同时进行三种顺序。具体确定应用哪种顺序，应根据施工、气候条件及合同工期的要求来确定。室外装饰应避开冬、雨期。当室内为水磨石楼面时，为防止楼面施工时渗漏水而对外墙产生影响，应先做水磨石楼面，再做外墙面；如果为了加快脚手架的周转或赶工期，则应采用先外后内的施工顺序。

同一层的室内抹灰施工顺序有地面→顶棚→墙面和顶棚→墙面→地面两种。前一种由于地面需要养护时间及采取保护措施，而使顶棚和墙面抹灰时间推迟，故工期较长。后一种施工顺序便于清理地面和保证地面质量，且便于收集顶棚和墙面的落地灰，也便于节约材料。需在做地面前先清除顶棚及墙面的落地灰后再做地面，否则会影响地面面层与楼板间的粘结，引起地面起鼓。

底层地面一般多是在各层楼面做好之后再进行。楼梯间和踏步抹灰，由于其施工期间人们来回走动，所以容易破坏，故通常是在室内抹灰完成后，自上而下统一施工。门窗扇安装可在抹灰之前或之后进行，可根据气候和施工条件而定。例如：室内装饰工程安排在冬季，门窗扇及玻璃应在抹灰前完成。门窗玻璃安装一般在门窗扇油漆完成后进行。

室外装饰工程一般均采用自上而下的施工顺序，逐层装饰。落水管等分项工程全部完成后，即可拆除该层的脚手架，然后进行散水及台阶的施工。

（4）水暖电卫等工程的施工顺序

水、暖、电、卫工程与土建工程不同，可分为几个明显的施工阶段，它一般与土建工程中有关的分部分项工程之间相互交叉施工，要配合紧密。

1）在基础工程施工时，应将相应的管道沟的垫层、管沟墙先做好，然后回填土。

2）在主体结构施工时，应在砌砖墙或现浇钢筋混凝土楼板的同时，预留出上下水管和暖气立管的孔洞、电线孔槽或预埋木砖和其他预埋件。

3）在装饰工程施工之前，先安设相应的各种管道和电器照明用的附墙暗管、接线盒等。水、暖、电、卫安装一般在楼地面和墙面抹灰前或后穿插施工。若电线采用明线，则应在室内粉刷后进行。

室外管网工程的施工可以安排在土建工程前或与土建工程同时施工。

2.2.2 多层现浇钢筋混凝土框架楼的施工顺序

多层现浇钢筋混凝土框架结构的施工顺序，一般可划分为基础工程、主体工程、围护工程及装饰工程四个施工阶段。多层现浇钢筋混凝土框架结构房屋施工顺序如图 4-3 所示：

（1）±0.000 以下工程施工顺序

多层现浇钢筋混凝土框架结构房屋的基础一般分为地下室和无地下室基础工程。当有地下室，且建在软弱地基上时，其基础工程的施工顺序为：

桩基→围护结构→挖土方→打垫层→地下室底板→地下室墙、柱（防水处理）→地下室顶板→回填土

当无地下室，且建在坚硬地基上时，其基础工程的施工顺序为：

挖土方→打垫层→基础（扎筋、支模、浇钢筋混凝土、养护、拆模）→回填土在多层现浇钢筋混凝土框架结构房屋基础工程施工之前，与砌体结构房屋一样，也要处理好地基，然后按施工组织设计的要求进行平面施工。施工时，要加强对钢筋混凝土的养护，并按其规定强度拆模，及时回填土，为上部结构施工创造条件。

（2）主体结构工程的施工顺序

主体结构工程的施工顺序为：绑柱钢筋→安柱、梁、板模板→浇柱混凝土→绑梁、板钢筋→浇梁、板钢筋。主体结构工程主要是支模、绑扎钢筋和浇筑混凝土三大施工过程。它们的工程量大、消耗的材料和劳动量也大。因此对工程质量和工期起着决定性的作用。故需在平面上和竖向上均应分成施工段及施工层，以便有效地组织流水施工。

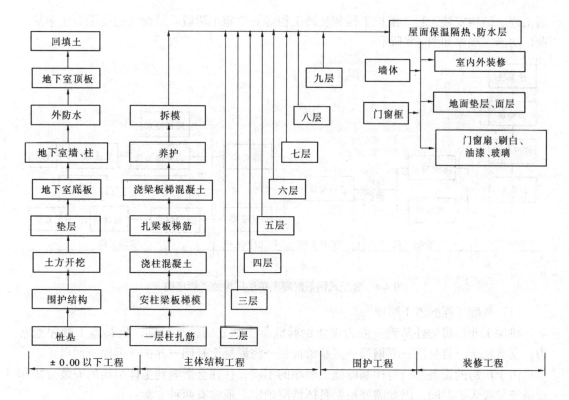

图 4-3 多层现浇钢筋混凝土框架结构房屋施工顺序示意图

（地下室 层、桩基础）

注：主体二～九层的施工顺序同一层

（3）围护工程的施工顺序

围护工程的施工顺序包括墙体工程、门窗框的安装和屋面工程。墙体工程包括脚手架的搭拆，内、外墙的砌筑等分项工程。不同的分项工程之间，可根据机械设备、材料供应、劳动力、工期要求等情况来组织平行、搭接、立体交叉流水施工。屋面工程与墙体工程应紧密配合，如主体工程结束后，屋面保温层、找平层和墙体工程同时进行。待外墙砌到顶后，再做屋面的防水层。脚手架应配合砌筑工程进行搭设，在室外装饰后，做散水之前拆除。内墙的砌筑则应根据结构形式和施工方法而定，有的需要在地面工程完成后进行，有的则在地面工程之前与外墙同时进行。

屋面工程的施工顺序与砌体结构房屋工程的施工顺序相同。

（4）装饰工程的施工顺序

装饰工程的施工也分为室外装饰和室内装饰两部分。室外装饰包括：外墙抹灰、勒脚、散水、台阶、明沟等；室内装饰包括：楼地面、顶棚、墙面、楼梯等抹灰，门窗扇安装、油漆、安玻璃等。其他的施工顺序与砌体结构的房屋的施工顺序基本相同。

2.2.3 单层工业厂房的施工顺序

单层工业厂房由于生产工艺的需要，故无论在厂房的类型、建筑平面、造型或结构构造上均与民用建筑有很大的差异，而且设有设备基础和各种管网。因此，单层工业厂房的施工要比民用建筑复杂得多。装配式钢筋混凝土单层工业厂房的施工可分为基础工程、预制工程、结构安装工程、围护工程和装饰工程等五个施工阶段。装配式钢筋混凝土单层工业厂房施工顺序如图4-4所示：

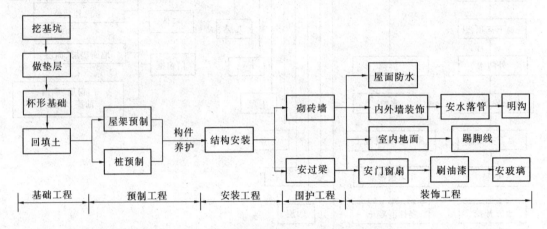

图4-4 装配式钢筋混凝土单层厂房施工顺序图

（1）基础工程的施工顺序

单层工业厂房的柱基础一般为现浇钢筋混凝土独立的杯形基础，故其施工顺序通常为：基坑挖土→打垫层→绑钢筋→支基础模板→浇混凝土基础→养护→拆模→回填土。

由于厂房的设备基础与柱基础施工顺序的不同，往往会影响到主体结构的安装方法和设备安装投入的时间，因此需要根据具体情况确定。通常有两种方案：

1）封闭式施工：封闭式施工是指厂房柱基础先施工，再进行主体结构施工，最后进行设备基础施工。此法适用于厂房柱基础埋深大于等于设备基础埋深及两种基础距离较远时的情况。

采用封闭式施工，其优点为：设备基础的施工在室内进行，不受自然条件影响；现场构件的预制、运输、堆放及起重机开行较方便；可以利用已安装好的桥式吊车为设备基础施工服务。其缺点为：不能提前进行设备安装、土方重复开挖，且工期较长。

2）开敞式施工：开敞式施工是指厂房柱基础与设备基础同时施工，然后进行厂房上部结构施工。此法适用于设备基础埋深大于柱基础的埋深、两种基础距离很近及地基土质不佳的情况。

采用开敞式施工，其优点为：可利用机械完成土方施工、工作面大、为设备提前安装创造了条件。其缺点为：施工现场在构件的预制、运输、堆放及吊装机械开行带来不便。

单层工业厂房的基础工程与现浇框架结构房屋基础工程的要求基本相同。

（2）预制阶段的施工顺序

装配式单层工业厂房的预制构件较多，一般情况下采用工厂预制和现场预制相结合的方法。通常对于重量大、运输不便的大型构件，可在施工现场预制。如柱、托架梁、屋架、吊车梁等。而中、小型构件可在预制厂预制。但在确定预制方案时，应结合构件技术特征、当地加工厂的生产能力、工期要求以及现场施工、运输条件等因素进行技术经济综合分析之后确定。一般来说，预制构件的施工顺序与结构吊装方案有关。

当采用分件吊装法时，预制构件的施工有三种方案：

1）若施工现场狭小而工期允许时，应按吊装的先后顺序来制作，即先预制柱和吊车梁，当柱和吊车梁安装完毕，再进行屋架的预制。

2）若场地宽敞时，应一次性按柱、吊车梁和屋架顺序依次预制完。

3）若场地狭小而工期又紧时，可将柱和吊车梁在拟建车间内就地预制，同时在拟建车间外将屋架也制作完。

当采用综合吊装法时，由于是整节间的吊装，故构件应一次性制作完。这时就要以场地的大小来确定，是在拟建车间内全部预制，还是一部分在拟建车间外预制。

如果预应力屋架采用后张法施工时，其施工顺序为：场地平整夯实→支模→绑钢筋→预留孔道→浇筑混凝土→养护→拆模→张拉钢筋→锚固→灌浆。

（3）结构安装工程施工顺序

结构安装工程的施工顺序取决于安装方法。

若采用分件吊装法时，吊车将开行三次才能将所有的构件安装完毕。其安装顺序为：第一次开行依次安装所有的柱，并同时进行校正和加固，待杯口内浇筑的混凝土强度等级达到70％以上后，第二次依次安装所有的吊车梁，连系梁和基础梁，第三次开行安装所有的屋盖系统。

若采用综合吊装法时，其安装顺序为：先安装第一节间的四根柱，迅速校正并灌浆固定，接着安装吊车梁、连系梁、基础梁及屋盖系统，如此依次逐个节间安装，直至整个厂房安装完毕。

抗风柱的安装顺序有两种：一是在吊装柱的同时安装同跨一端的抗风柱，另一端则在屋盖系统安装完毕后进行；二是全部抗风柱的安装均等屋盖系统安全安装完毕后最后进行。

在单层工业厂房的施工中，安装工程是一个主要工程阶段，应单独编制一个周密的施工作业设计。结构吊装的流向通常应与预制构件制作的流向一致。当车间为多跨并有高低跨时，安装流向应从高低跨柱列开始，先安装高跨，后安装低跨，以适应安装工艺的要求。

（4）围护工程的施工顺序

围护工程的施工主要包括内、外墙的砌筑、搭设脚手架、安装门窗框及屋面工程等。在厂房结构安装工程完成后，或安装完一部分区段后就可以开始内、外墙砌筑工程的分段施工。此时，不同的分项工程之间可组织立体交叉平行流水施工，砌筑工程一结束，即可开始屋面施工。

搭设脚手架及屋面工程的施工顺序与多层现浇框架结构房屋的施工顺序基本相同。

（5）装饰工程的施工顺序

单层工业厂房的装饰工程包括室内装饰和室外装饰两项内容。而室内、外装饰工程既可以平行进行，也可与其他施工过程交叉进行。因此一般不占总工期。室外装饰均采用自上而下的施工顺序；室内装饰按屋面板底→内墙→地面的顺序施工；门窗安装在粉刷中穿插进行。

（6）水、暖、电、卫等工程的施工顺序

水、暖、电、卫等工程与砌体结构房屋的水、暖、电、卫等工程的施工顺序基本相同，但要注意空调设备安装的安排。生产设备的安装，由于专业性强，技术要求水平高，所以一般均由专业公司承担，应遵照有关专业顺序进行。

上面所述三种结构建筑的施工顺序，仅适用于一般情况。因为建筑施工是一个复杂的过程，任何一个建筑物由于其结构、现场条件、施工环境、技术水平等不同，均会对施工过程和施工顺序产生不同的影响。因此，每一个单位工程在确定其工程顺序时，都要根据具体环境和条件认真分析，确定一个合理的施工顺序，从而达到最大限度地利用空间，争取在最短的时间内完成全部施工任务。

2.3 选择施工方法与施工机械

这里所说的施工方法，是针对本工程的分部分项工程而言的，而施工方法又与选用的施工机械密不可分。这两个问题选择的正确与否，将直接影响到单位工程的施工进度、质量、安全和成本。所以是单位工程施工方案中的一个关键问题。因此在编制单位工程施工组织设计时，必须根据工程的结构、抗震要求、工程量的大小、工期长短、资源供应情况、施工环境等诸多因素，经综合考虑与对比，制定出实用、可行、合理、经济、安全的最优方案。

2.3.1 选择施工方法

施工方法的选择，应重点放在对本工程会产生重大影响的分部分项工程上。如工程量大的、施工技术复杂或采用新技术、新工艺及对工程质量起关键作用的分部分项工程和不熟悉的特殊结构工程或由专业施工单位施工的特殊专业工程的施工方法。在制定这些施工方法时，要详细、具体，并应提出相应的质量要求及进度、安全措施等。而对于按照常规做法和工人熟悉的分项工程，则不必详细拟定，只要提出应注意的特殊问题即可。

通常，施工方法选择的内容有：

（1）土方工程

1）确定开挖土方方法、放坡坡度、土壁支撑形式、计算土方量、回填土及外运量。

2）选择排除地面、地下水的方法。

3）选择土方工程施工所需的机械及数量。

（2）基础工程

1）浅基础施工中，应根据垫层、钢筋混凝土基础施工的技术要求选择机械设备的型号及数量。

2）桩基础应根据桩的类型选择所需机械型号及数量。

3）地下室施工中应根据防水要求，留置、处理施工缝，模板及支撑的要求。

（3）砌筑工程

1）砌筑工程中的组砌方法及质量要求，弹线和皮数杆的控制要求。

2）确定脚手架的搭设要求及安全网的设置要求。

3）选择砌筑工程中所需机具设备的型号和数量。

（4）钢筋混凝土工程

1）确定模板类型及支模方法，进行模板支撑设计。

2）确定钢筋加工、绑扎和焊接方法及所需机具设备的型号和数量。

3）确定混凝土中施工的顺序和方法及施工缝的留置位置与处理，选择所需机具设备型号和数量。

4）确定预应力混凝土的施工方法、控制应力和张拉设备。

（5）结构安装工程

1）确定构件预制、运输及堆放要求。

2）确定结构安装方法及所需的机具型号和数量。

（6）屋面工程

1）屋面工程中各层施工的操作要求。

2）确定屋面工程中的各种材料和运输方法。

（7）装饰工程

1）室内外装饰的操作要求及方法。

2）确定其施工工艺和施工顺序安排。

3）选择材料运输方式、储存要求及所需机具设备型号和数量。

2.3.2　选择施工机械

施工方法的选择必然涉及到施工机械的选择问题。机械化施工是改变建筑业生产方式落后、降低劳动强度、提高工作效率、实现工业化生产的基础。因此，施工机械的选择是施工方法选择的中心环节。选择时应着重考虑以下几个方面：

（1）首先应选择主导工程的施工机械。如一般的单层工业厂房，安装工程量较大、工期较长的工程，在相同条件下应优先选择履带式吊车；又如在土方工程中，基坑的土方量较大，工期较紧时，应以优先选择正铲挖土机为宜。

（2）各辅助机械应与主导机械的生产能力配套。如在土方工程中，当采用汽车运土时，汽车的载重量及容积应为挖土机计算容量的整倍数，这样才能使主导机械连续作业，提高工作效率。

（3）在同一工地上，力求建筑机械的种类和型号尽可能少一些，以利于机械管理。如果工程量大，且分散时，宜采用多用途机械施工，如挖土机既可用于挖土，又能用于装卸、起重和打桩。

（4）机械的选择还要考虑施工单位现有的机械能力。当本单位的机械能力确实不能满足工程需要时，才应考虑购置或租赁新的机械设备。

2.4　确定施工的流水组织

通过前边内容的学习，大家已了解和掌握了施工组织的三种方式，即依次施工、平行施工和流水施工。在一般情况下，流水施工是一种较科学、合理的施工组织方式，但它有一个先决条件，即必须划分施工段，也就是说不划分施工段也就无法组织流水施工。

每一个单位工程都是由多个分部工程所组成，而每个分部工程所处的结构位置、工程量的大小、技术的难易程度及工艺要求均不相同。在施工过程中，确定哪些分部工程应按流水施工的方式来组织，哪些分部工程应按依次施工的方式来组织，这要根据各种不同结构的施工特点和具体情况来决定。为此，现以多层砌体结构房屋、多层现浇混凝土框架及装配或单层工业厂房为例，分别叙述如下：

（1）多层砌体结构房屋施工的流水组织

1）基础工程

在多层砌体结构房屋的基础工程中，应根据单位工程规模、工程量的大小、劳动力、机械设备的多少及材料的供应情况等因素，来确定施工组织的方式。如基坑（槽）工程量较大，而劳动力、机械设备较少，材料供应满足时，应采用流水施工组织方式。反之，可考虑按依次施工的方式来组织施工。

2）主体工程

主体工程在砌体结构房屋中是一个主要的分部工程，其工程量大、工期较长，在整个施工过程中将直接影响工程的质量和总工期。所以，在一般情况下均应在竖向上、水平上分别划分出施工层及施工段，采用流水施工的组织方式施工。

3）装饰工程

装饰工程在砌体结构单位工程中的地位与主体结构一样，甚至有过之之处。所以，应按施工方案所确定的施工流向采用流水施工的组织方式来组织施工。

这里要注意的是，装饰工程分为室内和室外装饰，在劳动力充足的情况下，可内、外同时进行；如劳动力较少时，宜采用先外后内来组织施工。

4）屋面工程

屋面工程是一个有特殊要求的分部工程，它的主要功能是保温、隔热、防水。为了确保屋面的工程质量，一般情况下是不划分施工段的。故在施工过程中宜采用依次施工的组织方式，而不采用流水施工的组织方式进行施工。

(2) 多层现浇混凝土框架施工的流水组织

1）基础工程

多层现浇混凝土框架结构的基础形式是多种多样的，这就要根据具体情况，做具体分析。如果没有什么特殊要求，一般情况下，均采用流水施工的组织方式进行施工。

2）主体工程

多层现浇混凝土框架结构的主体工程，在施工过程中的地位与多层砌体结构房屋的主体工程地位一样。所以在一般情况下，均采用流水施工的组织方式进行施工。但在分划施工段时，要严格遵守质量第一的原则，不允许设置施工缝的部位，决不可作为施工段的界面。要以支模、绑扎钢筋和浇筑混凝土三个施工过程为主来组织流水施工。

3）装饰工程

多层现浇混凝土框架结构的装饰工程与多层砌体房屋的装饰工程相同，均采用流水施工的组织方式施工。

4）屋面工程

多层现浇混凝土框架结构的屋面工程与多层砌体房屋的屋面工程相同，应采用依次施工的组织方式施工。

(3) 装配式单层工业厂房的流水组织

1）基础工程

单层工业厂房的基础多为独立基础。一般情况下，均应采用流水施工的组织方式施工。当然，是否一定按流水施工的方式施工，还与其他的很多因素有关，如工期的要求、材料的供应、环境的影响等等。

2）构件的预制

构件的预制在单层工业厂房施工中，是一个具有重大影响的工程。因此应按施工方案及现场预制构件平面图的要求，采用流水施工的组织方式施工。

3）安装工程

安装工程在单层工业厂房施工中，虽然对整个工程的质量、工期的影响甚大，是一个施工的关键阶段。由于工艺的要求，安装工程的施工不宜采用流水施工的组织方式，而应采用依次施工的组织方式施工。

4）围护工程

单层工业厂房的围护工程，一般均采用流水施工的组织方式施工。

5）装饰工程

单层工业厂房的装饰工程，不管是室内装饰还是室外装饰，均可采用流水施工的组织方式施工。但一般不占总工期，并可与其他分部工程穿插进行。

6）屋面工程

单层工业厂房的屋面工程与多层砌体结构房屋的屋面工程相同，采用依次施工的组织方式施工。

上面所述的施工组织方式，仅适用于一般情况。在施工中，由于随机干扰因素较多，不同的要求、不同的条件、不同的环境都有可能打破常规。因此，在施工中，应根据具体情况合理地确定一个施工组织方式，更好地履行施工合同条款中的各项责任和义务。

2.5 技术和安全施工措施

2.5.1 技术施工措施

在施工中，对采用新材料、新结构、新工艺、新技术的工程，以及对高耸、大跨、重型构件以及深基础、设备基础、水下和软弱地基项目，均应编制相应的技术措施。其内容包括：

（1）需要表明的平面、剖面示意图及工程量一览表；

（2）施工方法的特殊要求和工艺流程；

（3）水下混凝土及冬、雨期的施工措施；

（4）技术要求和质量、安全注意事项；

（5）材料、构件和机具的特点、使用方法和需用量。

2.5.2 安全施工措施

为保证施工人员的生命安全，使工程顺利进行，在施工中应对可能发生的安全问题进行预测，并有针对性地提出预防措施，从而杜绝施工中安全事故的发生。安全施工措施，主要考虑以下几个方面：

（1）保证土石方边坡稳定措施；

（2）脚手架、吊篮、安全网的设置及各类洞口防止人员坠落措施；

（3）外用电梯、井架及塔吊等重点运输机具拉结要求和防倒塌措施；

（4）安全用电和机电设备防短路、防触电措施；

（5）自燃、易爆、有毒作业场所的防火、防爆、防毒措施；

（6）季节性安全措施。如雨期的防洪、防雨，夏季的防暑降温，冬季的防滑、防火、防冻措施；

（7）现场周围通行道路及居民安全保护隔离措施；

（8）保证施工安全的宣传、教育及检查等组织措施。

2.6 环境保护措施

随着社会的发展，人们的法制观念和自我保护意识逐步增强，对于各种粉尘、废气、废水、固体废物、噪声、振动等对环境的污染和危害，越来越重视。保护人类赖以生存的空间，改善施工现场的工作环境，是每个公民和企业都不可推卸的责任和义务。同时我们应该认识到，保护和改善施工环境是保证人们身体健康和文明施工的需要；是消除对外部干扰，保证施工顺利进行的需要；是现代化大生产的客观要求；也是节约能源，保护人类生存环境、保证社会和企业持续发展的需要。正是如此，在施工中应采用如下环境保护措施：

（1）施工现场空气污染防治措施

1）施工现场的建筑垃圾应及时清理出场；

2）高层施工清理垃圾时，要采取措施，严禁凌空随意抛散；

3）指定专人负责洒水清扫施工道路，防止扬尘；

4）对细颗粒散体材料的运输要密封，防止飞扬和遗洒；

5）施工现场开出的车辆要做到不带泥沙；

6）禁止在现场焚烧会产生有毒、有害烟尘和恶臭气体的物质；

7）车辆排放的尾气应符合国家规定的标准；

8）工地使用的茶炉应尽量采用电热水器；

9）城市市区内的施工应尽量使用商品混凝土；

10）拆除旧建筑物时应洒水，防止扬尘。

（2）施工现场水污染防治措施

1）禁止将有毒、有害废弃物作为回填土；

2）施工现场废水（搅拌站）、污水（水磨石、电石）必须经过沉淀池沉淀合格后排放；

3）在施工现场存放的油料，必须对库房地面进行防渗处理；

4）施工现场100人以上的食堂，污水排放时可设置简易有效的隔油池，定期清理，以防污染；

5）施工现场的临时厕所，化粪池应采取防渗漏措施；

6）化学用品、外加剂等要妥善保管，库内存放，防止环境污染。

（3）施工现场噪声防治措施

1）声源控制。

（a）尽量采用低噪声的设备和工艺；

（b）在声源处安装消声器。

2）传播途径的控制。

（a）吸声：利用吸声材料吸收声能，降低噪声；

（b）隔声：应用隔声结构，阻碍噪声向空间传播，将接收者与噪声声源隔开；

（c）消声：利用消声器阻止噪声的传播；

（d）减振降噪：对来自振动而引起的噪声，通过降低机械振动来减少噪声。

3）加强对接收者的防护。

4）严格控制人为噪声的产生。

5）控制强噪声的作业时间。

（4）施工现场固体废物的处理措施

1）回收利用：能利用的要充分加以利用（如建筑渣土、废钢材等），不能利用的要分散回收，集中处理（如废电池等）；

2）减量化处理：减量化是对已经产生的固体废物进行分选、破碎、压实浓缩、脱水等减少其最终处理量，降低处理成本，减少对环境的污染；

3）焚烧技术：焚烧用于不适合再利用且不宜直接予以填埋处置的废物，尤其是对于受到病菌、病毒污染的物品，可以用焚烧进行无害化处理；

4）稳定和固化技术：利用胶结材料（如水泥、沥青等），将分散的废物包裹起来，减少废物的毒性和可迁移性，使得污染减少；

5）填埋：填埋是固体废物处理的最终技术，经过无害化、减量化处理的废物残渣集中到填埋场进行处理。

2.7 施 工 方 案 评 价

在拟定单位工程施工方案时，由于每项工程施工环境、施工条件等因素的不同，所以各主要的分部分项工程的施工方法、施工机械、施工组织也不尽相同，这样就会产生几个不同的施工方案。为了选择一个工期短、质量有保证、省材料、劳动力安排合理、施工成本低的最优方案，就要对每一个施工方案从技术经济角度进行比较、分析和评价。

由于施工方案的技术经济评价涉及到的各方面内容较多，而且也较复杂，故只需对一些主要的分部分项工程的施工方案进行技术经济比较。一般情况下，施工方案的技术经济评价有定性分析评价和定量分析评价两种。

（1）定性分析评价

施工方案的定性分析评价主要是根据人们在日常工作中的施工经验，对若干个施工方案进行优缺点的分析比较，从中选择出一个相对来讲比较科学、合理的方案。如技术上是否可行、安全上是否可靠、经济上是否合理、工期是否满足要求等。此法简单而明确，但主观上的随意性较大。

（2）定量分析评价

施工方案的定量分析评价是通过计算各方案几个相同的主要技术经济指标，进行综合分析比较，从中选择一个较好的施工方案。这种方法较客观，但也较复杂。定量分析评价一般分单指标分析法和多指标分析法两种。

1）单指标分析法

所谓单指标分析法，是指在选择施工方案时，只考虑一个主要指标或在其他情况相同的条件下，只比较一个指标就能确定采用哪种方案的方法。如工期、成本、劳动量、材料消耗等。这时，分析、评价较为简单，只要在几个对比方案中，哪一个要求的单一指标最优，就选择哪个方案为最优方案。

2）多指标分析法

所谓多指标分析法，是指在选择施工方案时，要考虑多个指标，经过分析对比，从中选择一个技术经济指标最佳方案的方法。该法简便实用。因此目前使用较为广泛。但要注意，指标的选择要适当，使其具有可比性。

主要的评价指标有以下几种：

(a) 工期指标

单位工程的施工工期是指从破土动工到工程竣工的全部日历天数。包含节假日及各种因素造成的停工天数。当某一工程以工期作为主要控制指标时，在选择施工方案时，要在确保工程质量、安全和成本相对较低的条件下，优先考虑缩短工期。

(b) 劳动量指标

这一指标反映了在施工中的机械化程度与劳动生产率的水平。机械化程度越高，劳动生产率也越高，并能降低工人的劳动强度，节约劳动力。因此，我们将机械化施工程度的高低，作为衡量施工方案优劣的重要指标。

$$施工机械化程度 = \frac{机械完成的实物工程量}{全部实物工程量} \times 100\% \tag{4-1}$$

(c) 主要材料消耗指标

这一指标主要反映了各施工方案对主要材料的节约情况。

$$主要材料节约量 = 预算用量 - 计划用量 \tag{4-2}$$

$$主要材料节约率 = \frac{主要材料节约量}{主要材料预算量} \times 100\% \tag{4-3}$$

(d) 成本指标

这一指标综合反映了单位工程主要的分部分项工程在采用不同的施工方案后，而产生的不同经济效果。其指标可用降低成本额和降低成本率来表示。

$$降低成本额 = 预算成本 - 计划成本 \tag{4-4}$$

$$降低成本率 = \frac{降低成本额}{预算成本} \times 100\% \tag{4-5}$$

课题 3 施工进度的编制

3.1 概　　述

单位工程的施工进度计划在已确定的施工方案的基础上，根据规定工期和各种资源供应条件，按照施工过程的合理施工顺序及组织施工的原则，用横道图或网络图的形式，对一个工程从开始施工到工程全部竣工，确定其全部施工过程在时间上的安排和相互间的搭接关系。单位工程施工进度计划是单位工程施工组织设计中一个非常重要的内容，因为它在施工的全过程中，起到了控制、检查、指导的作用。

(1) 施工进度计划的作用

单位工程施工进度计划的作用是：

1) 控制单位工程的施工进度，保证在规定的工期内保质、保量完成工程任务；

2) 确定单位工程的各个施工过程的施工顺序、工作持续时间及相互间的逻辑关系；

3) 为编制短期生产作业计划提供依据；

4) 为指定各种资源需要量及施工准备工作计划提供依据。

(2) 施工进度计划编制的依据

单位工程施工进度计划，主要依据下列资料来进行编制：

1）经过审批的建筑总平面图及单位工程全套施工图以及地震、地形图、工艺设计图、设备及其基础图、各种采用的标准图等图纸及技术资料；

2）施工组织总设计对本单位工程的有关规定和要求；

3）施工工期及开、竣工日期的要求；

4）施工条件、劳动力、材料、构件及机械的供应条件、分包单位的情况等；

5）确定的主要分部分项工程的施工方案，包括施工顺序、施工段划分、施工起点流向、施工方法、质量及安全措施等；

6）劳动定额及机械台班定额；

7）其他有关要求和资料，如施工合同等。

（3）施工进度计划编制的程序

单位工程施工进度计划编制的程序，如图4-5所示：

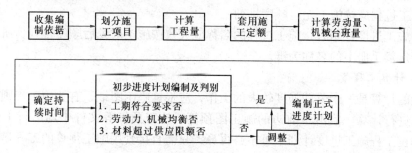

图 4-5 单位工程施工进度计划编制程序

3.2 施工进度计划的编制

根据施工进度计划的编制程序，现将其编制的主要步骤、内容和方法叙述如下：

3.2.1 划分施工过程

编制施工进度计划时，宜先按照图纸和施工顺序把拟建单位工程的各个施工过程列出，并结合施工方法、施工条件、劳动组织等因素，加以适当调整，使其成为编制施工进度计划所需要的施工过程。

通常在施工进度计划表中只列出在施工现场范围内的施工过程。而在施工现场外的施工过程，一概不考虑。如预制厂生产的构件，它的制作过程、运输等均不在其内。

在确定施工过程时，应注意以下几个问题：

（1）掌握施工过程划分的粗细程度

这主要是根据单位工程施工进度计划的客观作用来决定。对控制性施工进度计划、项目可分得粗些，一般只列出分部工程的名称即可。如砌体结构的房屋，只列出基础工程、主体工程、屋面工程和装饰工程四个施工过程。而对于实施性的施工进度计划，项目划分得就要细致一些，一般要列到划分项工程。如上面所说的砌体结构房屋的基础工程，这时要划出挖土、垫层、砌筑基础、回填土等分项工程。

（2）施工过程的划分应与施工方案一致

由于施工方案的不同，会直接影响到施工过程的名称、数量及施工顺序，所以在划分施工过程时要与施工方案保持一致。如单层工业厂房的结构安装工程,如采用分件吊装法,则施工过程的名称应为:柱吊装、吊车梁吊装、连系梁及基础梁吊装、屋架扶直就位、屋盖系统等;如采用综合吊装法,则施工过程名称应当按施工单元来确定,一般只列出结构吊装一个施工过程即可。

(3) 施工过程的划分应做到重点突出

施工过程的划分不能太粗,也不能太细,否则就不能突出重点,因此,在组织施工时要考虑将某些穿插性的分项工程合并到主要分部工程中去。如门、窗框的安装就可并入砌墙工程;对于次要的、零星的分项工程,可合并为"其他工程"一项。

(4) 妥善处理水、暖、电、卫和设备工程

由于水、暖、电、卫和设备安装工程通常是由专业施工企业负责施工的。因此,在施工进度计划中,只需要列出项目名称而不必细分,但应反映出这些工程与土建工程何时插入及工作的持续时间。

(5) 施工过程应按施工先后顺序排列

在编制施工进度计划时,施工过程的名称应大致按施工的先后顺序排列,所采用的名称应以现行定额手册上的名称为准。

3.2.2 计算工程量

工程量的计算是一个劳动强度较大的工作,应根据施工图纸、有关施工规则及相应的施工方法来进行计算。但由于前边的施工图预算、施工预算等文件中均已将工程量计算完,故在单位工程施工进度计划中可不必再算,只需直接套用施工预算的工程量,或根据施工预算中的总工程量,按各施工层和施工段在施工图中所占的比例加以划分即可。因为进度计划中的工程量仅是用来计算各种资源需要量,而不作为计算工资和工程结算的依据,故可不必精确计算。工程量计算时应注意以下几个问题:

(1) 各项过程的工程量计算单位应与现行采用的施工定额的单位一致,以便简化工作、减少误差。

(2) 工程量的计算应根据施工方法和安全技术的要求来进行,以保证计算出的工程量与实际情况相符。如基础挖土时,是采用人工开挖还是机械开挖、是否放坡、是否加工作面、是否加支撑等,这都将直接影响到土方工程量计算的结果。

(3) 工程量的计算应根据单位工程施工组织的要求来计算。当施工组织要求分区、分段、分层施工时,工程量也应按分区、分段、分层来计算,以便于施工组织和进度计划的编制。

(4) 工程量的计算要合理利用预算文件中的工程量,以免重复计算。当采用的定额和项目的划分与施工进度计划一致时,可直接利用预算的工程量或按施工项目包括的内容从预算工程量的相应项目内抄出并汇总。若某些项目有出入或不同时,则应结合施工项目的实际情况作某些必要的修改、调整或重新计算。

3.2.3 确定劳动量和机械台班数量

劳动量和机械台班数量应根据分部分项工程的工程量、施工方法和现行的施工定额,并结合当地的具体情况加以确定。一般按下式计算:

$$P = \frac{Q}{S} \tag{4-6}$$

或

$$P = QH \tag{4-7}$$

式中　P——完成某施工过程所需的劳动量（工日）或机械台班数量（台班）；

　　　　Q——完成某施工过程的工程量；

　　　　S——某施工过程所采用的产量定额；

　　　　H——某施工过程所采用的时间定额。

例如，已知某砌体结构房屋基坑土方量为 2480m³，采用人工开挖，产量定额为 3.9m³/工日，时间定额为 0.256 工日/m³，则完成基坑所需的劳动量为：

$$P = \frac{Q}{S} = \frac{2480}{3.9} = 636(\text{工日})$$

或

$$P = QH = 2480 \times 0.256 = 636(\text{工日})$$

在编制施工进度计划时，经常会遇到计划所列项目与施工定额所列项目的工作内容不一致的情况。这时，应用如下方法进行处理：

（1）当某一施工过程是由两个或两个以上不同分项工程合并而成时，其总劳动量可按下式计算：

$$P_{总} = \sum_{i=1}^{n} P_i = P_1 + P_2 + \cdots + P_n \tag{4-8}$$

例如，已知某钢筋混凝土基础工程，其支模板、绑扎钢筋、浇筑混凝土的工程分别为 720m²，6s，300m³，其时间定额分别为 0.253 工日/m²，5.28 工日/秒，0.388 工日/m³，则完成钢筋混凝土基础所需劳动量为：

$$P_{模} = 720 \times 0.253 = 182 \text{（工日）}$$

$$P_{筋} = 6 \times 5.28 = 32 \text{（工日）}$$

$$P_{钢筋混凝土} = 300 \times 0.388 = 116 \text{（工日）}$$

$$P_{基} = P_{模} + P_{筋} + P_{钢筋混凝土} = 182 + 32 + 116 = 330 \text{（工日）}$$

（2）当某一施工过程由同一种，但做法、材料不同的施工过程合并而成时，可用其加权平衡定额来确定劳动量或机械台班量。其计算公式为：

$$\overline{S_i} = \frac{\sum_{i=1}^{n} Q_i}{\sum_{i=1}^{n} P_i} = \frac{Q_1 + Q_2 + \cdots + Q_n}{P_1 + P_2 + \cdots + P_n} = \frac{Q_1 + Q_2 + \cdots + Q_n}{\dfrac{Q_1}{S_1} + \dfrac{Q_2}{S_2} + \cdots + \dfrac{Q_n}{S_n}} \tag{4-9}$$

$$\overline{H_i} = \frac{1}{S_i}$$

式中　S_i——某一施工过程的加权平均产量定额；

　　　　$\overline{H_i}$——某施工过程的加权平均时间定额；

　　　　$\sum_{i=1}^{n} Q_i$——总工程量；

　　　　$\sum_{i=1}^{n} P_1$——总劳动量。

例如，某楼房外墙装饰有干粘石、面砖、涂料三种做法，其工程量分别为 865.5m²、452.6m²、683.8m² 所采用的产量定额分别为 4.17m²/工日、4.05m²/工日、7.56m²/工日，则其加权平均产量定额及所需的劳动量为：

$$\overline{S} = \frac{Q_1 + Q_2 + Q_3}{\dfrac{Q_1}{S_1} + \dfrac{Q_2}{S_2} + \dfrac{Q_3}{S_3}} = \frac{865.5 + 452.6 + 683.8}{\dfrac{865.5}{4.17} + \dfrac{452.6}{4.05} + \dfrac{683.8}{7.56}}$$

$$= \frac{2001.9}{207.6 + 111.8 + 90.4} = 4.89(m^2/工日)$$

$$P_{外装饰} = \frac{\sum_{i=1}^{n} Q_i}{\overline{S}} = \frac{2001.9}{4.89} = 409.4(工日)$$

$$取 P_{外装饰} = 409(工日)$$

（3）对于有些特殊的施工过程，如果施工定额尚未编入。则可参考类似施工过程的定额或按实测确定。

（4）对于一些次要的、零星的"其他工程"的施工过程，可根据其内容和数量，并结合现场的实际情况，以占总劳动量的百分比（一般为 10%～20%）计算。

（5）对于水、暖、电、卫设备安装等施工过程，一般不计算劳动量和机械台班量，仅安排好与土建单位工程施工进度的配合即可。

3.2.4 确定施工过程的持续时间

确定施工过程的持续时间有三种方法：经验估算、定额计算法和倒排计划法。

（1）经验估算法

经验估算法也称为三时估算法。这种方法多用于新工艺、新技术、新材料等无定额可循的施工过程。即先估算出该施工过程的最长、最短和最可能的三种施工持续时间，然后求出完成该施工过程的施工持续时间。其计算公式如下：

$$T = \frac{A + 4M + B}{6} \tag{4-10}$$

式中　T——施工过程的持续时间；

　　　A——最长施工持续时间；

　　　B——最短施工持续时间；

　　　M——最可能施工持续时间。

（2）定额计算法

此方法是根据施工过程所需要的劳动量或机械台班量，以及配备的工人人数或机械台数，来确定施工过程持续时间。其计算公式如下：

$$T = \frac{Q}{RSI} = \frac{P}{RI} \tag{4-11}$$

式中　T——某施工过程持续时间；

　　　Q——该施工过程的工程量，用实物量单位表示；

　　　R——该施工过程拟配备的工人或机械数量，用人数或台数表示；

　　　S——产量定额，即单位工日或台班完成的工程量；

　　　I——每天的工作班制；

　　　P——劳动量（工日）或机械台班量（台班）。

例如，某砌筑砖墙工程，需要总劳动量 150 工日，采用一班工作制，每班安排 25 人施工，则其施工的持续时间为：

$$T = \frac{P}{RI} = \frac{150}{25 \times 1} = 6(天)$$

在安排每班工人人数和机械台数时，应综合考虑各施工过程中的每个工人都应有足够的工作面，以便充分发挥工作效率并保证安全施工；在各施工过程中，还要满足正常施工时班组人数的合理性、实用性，以便保证施工的顺利进行。

（3）倒排计划法

首先根据规定的总工期和施工经验，确定各分部分项工程的施工持续时间，然后再按各分部分项工程所需要的劳动量或机械台班数量，确定每一个分部分项工程每个工作班所需的工人数或机械台数，此时可将式（4-11）改变为：

$$R = \frac{P}{TI} \qquad\qquad (4-12)$$

例如，某单位工程的土方工程采用机械开挖，需要 68 个台班完成，则当工期为 7 天时，所需挖土机的台数为：

$$R = \frac{P}{TI} = \frac{68}{7 \times 1} \approx 10(台)$$

通常计算时均按一班制考虑，如果每天所需机械台数或工人人数，已超过施工单位现有人力、物力或工作面限制时，则应根据具体情况和条件从技术和施工组织上采取积极的措施，如增加工作班次，最大限度地组织立体交叉水平流水施工，加早强剂提高混凝土早期强度等。

3.2.5 编制施工进度计划的初始方案

在编制施工进度计划时，必须考虑各分部分项工程的合理施工顺序，并在保证质量、工艺要求及安全的情况下，尽可能地组织流水施工，力求主要工种的施工班组连续、均衡施工。其编制方法为：

（1）首先对主要的施工阶段（分部工程）组织流水施工。先安排其主导施工过程的施工进度，使其尽可能连续施工，而其他穿插工程尽可能与它配合穿插、搭接作业。如现浇混凝土框架结构房屋中的主体工程，其主导施工过程为支模、绑扎钢筋和浇筑混凝土。

（2）其他施工阶段（分部工程），应根据主要施工阶段来安排其施工进度。

（3）按照工艺的合理性及各施工过程之间应尽量穿插、搭接的原则，将各施工阶段（分部工程）的流水作业图表搭接起来，即得到了单位工程施工进度计划的初始方案。

3.2.6 施工进度计划的检查与调整

为了使初始方案达到规定的各项目标，一般进行如下检查与调整：

（1）各施工过程的施工顺序是否可行，平行搭接是否科学、技术问题是否合理。

（2）工期方面，初始方案的总工期是否满足施工合同工期要求。

（3）劳动力方面，主要工种工人是否能连续施工，劳动力消耗是否均衡。劳动力消耗的均衡性是针对整个单位工程及全现场施工总人数而言的。劳动力消耗的均衡性指标可以用劳动力均衡系数来进行评价，它主要反映了在整个单位工程施工过程中，对劳动力安排是否科学、合理。一般情况下，劳动力均衡系数应控制在 2 以内。

（4）物资方面，在施工的过程中，主要机械、设备、材料等的利用是否均衡，施工机械是否得到了充分的利用。

通过对初始方案的检查，对不符合要求的部分需要及时调整。调整的方法为：增加或缩短某些分项工程的持续时间；在施工工艺允许的条件下将某些分项工程的施工时间向前或向后移动；必要时，可改变施工方法或施工组织等方法进行调整。

应当指出，上述编制施工进度计划的步骤不是孤立的，而是相互制约，相互依赖，相互联系的。有的可以同时进行，而有的则不能。由于建筑施工是一个复杂的生产过程，而且随机干扰因素很多，因此会造成在施工过程中，由于劳动力、机械、材料等物资的供应及自然环境等因素的影响，会经常出现一些偏差。所以在工程进展中，应随时掌握施工动态，经常检查，不断及时地调整计划。

3.3 施工准备工作计划

大量事实证明，凡是重视施工准备工作，积极为拟建工程创造一切施工条件，工程的施工就会顺利进行；凡是不重视施工准备工作，就会给工程施工带来麻烦，甚至会造成很大的经济损失。

当单位工程施工进度计划编制好后，就可着手编制施工准备工作计划。施工准备工作计划是施工组织设计的一个组成部分，是保证施工顺利进行和资源供应的依据。

施工准备工作不仅要在单位工程开工前做好，而且在各施工阶段开工前也应做好。因此，施工准备工作必须有计划、有步骤、分期分段地进行，要贯穿于施工的全过程。

施工准备工作有如下具体内容：

(1) 技术准备

技术准备是施工准备工作的核心。其主要内容包括：熟悉和会审图纸、原始资料的调查分析、编制施工预算和编制标后的施工组织设计。

1) 熟悉和会审图纸

熟悉和会审图纸的目的，就是在单位工程开工前，使从事技术、管理人员充分了解图纸的设计意图、结构与构造特点和技术要求；通过图纸会审发现设计图中的问题和错误，并加以改正，以保证施工的顺利进行。

(a) 审查拟建工程的地点是否与规划一致，以及是否符合环卫、防火等要求；

(b) 审查施工图是否完整、齐全；

(c) 审查施工图与说明是否一致，及各组成部分是否有矛盾和错误；

(d) 审查拟建工程的几何尺寸、坐标、标高等方面是否一致；

(e) 审查工业建筑的生产工艺流程和技术要求能否满足要求；

(f) 审查地基处理与基础设计同拟建工程地点的工程地质和水文地质等条件是否一致；

(g) 明确拟建工程的结构形式和特点，审查图纸中复杂、施工难度大和技术要求高的分部分项工程，检查现有的施工技术和管理水平能否满足质量和工期的要求；

(h) 明确施工期限及拟建工程所需资源的来源和供货日期；

(i) 明确建设、设计、监理和施工等单位之间协作、配合关系，以及建设单位可提供的施工条件。

2) 原始资料的调查分析

为了做好施工准备工作，还应进行拟建工程的实地勘测和调查，这对编制一个科学、合理、实用的施工组织设计是十分必要的。因此，应做好如下两方面的调查分析：

（a）自然条件的调查分析

主要包括：坐标、地质、地下水、气候及冬、雨期等情况。

（b）技术经济条件的调查分析

主要包括：地方建筑企业、动迁、地方材料、国拨材料、交通运输、地方劳动力和技术水平、生活供应、消防及参加施工单位的力量等状况。

3）编制施工预算

施工预算是根据中标后的合同价、施工图纸、施工方法、技术措施、节约措施和施工定额等文件编制的，它直接受中标后合同价的控制。施工预算主要是用来控制施工企业工料消耗和施工中成本的支出。故在施工中，要按施工预算严格控制各项指标，以促进施工企业的管理水平。

4）编制中标后的施工组织设计

中标后的施工组织设计是施工准备工作的重要组成部分，也是具体指导施工现场全过程的一个技术经济文件。因为施工全过程极具复杂性，所以要求我们必须根据拟建工程的规模、结构特点和建设单位的要求，在原始资料调查分析的基础上，编制出一份科学、合理、经济、安全、实用的施工组织设计。

（2）物资准备

建筑材料、构（配）件、制品、机具和设备是保证施工顺利进行的物质基础，这些物资的准备工作必须在开工之前完成。应根据施工进度计划、物资需要量计划，分别落实货源、安排运输和储备，及确定进场时间，使其能满足连续施工的要求。

物资准备工作有如下具体内容：

1）建筑材料的准备

建筑材料的准备主要是根据施工进度计划和工程预算中的工料分析，编制工程所需材料用量计划，按材料名称、数量、规格、使用时间作为备料、供料和确定仓库、堆场面积及组织运输的根据。

2）构（配）件、制品的加工准备

构（配）件、制品的加工准备主要是根据工程预算中的工料分析，编制其用量计划，并按其名称、数量、规格来确定加工方案、供应渠道及进场后的储存地点和方式，为组织运输、确定堆场面积等提供依据。

3）建筑安装机具的准备

建筑安装机具的准备主要根据施工方案和施工进度计划，编制其需用量计划，并按其类型、数量和进场时间来确定施工机具的供应方法和进场后的存放地点和方式。

4）生产工艺设备的准备

生产工艺设备的准备主要根据施工项目工艺流程及工艺设备的布置图，编制其需用量计划，并按工艺设备的名称、型号、和数量来确定分批分期进场时间和保管方式，为组织运输、确定堆场面积提供依据。

（3）劳动组织准备

一个单位工程建成后，质量的优劣在很大程度上取决于承担这一工程施工人员的素质。往往人们在劳动组织的过程中，只注意在数量上的满足，而忽略了人的思想、体能、技术水平等素质，从而影响了工程质量、施工进度及施工成本，给企业造成了很大的损失。所以，施工人员的合理选择和配备，应引起我们高度的重视。

1）施工项目组织机构的建立

施工组织机构的建立应遵循以下几个原则：根据工程的规模、结构、施工特点和复杂程度，确定施工组织机构人选和名额；坚持合理分工与密切协作相结合；把有施工经验、有创新精神、有工作效率、有敬业精神的人选入组织机构；认真执行因事设职，因职选人的原则。

2）建立精干的施工队伍

施工队伍的建立要认真考虑专业、工种的合理配合，技工、普工的比例要满足实际工作的需要；按施工组织的方式，确定相应的独立施工班组及其数量，坚持合理、精干的原则；同时制定出该工程的劳动力需要量计划。

3）集结施工力量，组织劳动力进场

施工组织机构确定后，按照开工日期和劳动力需要量计划，组织劳动力进场。同时进行安全、防火和文明施工等方面的教育，并安排好职工的生活。

4）向施工队组、工人进行施工组织设计和技术交底

施工组织设计是指导施工全过程的一个技术经济文件，而技术交底是保证施工过程中的质量、进度、安全、成本、文明施工的有效措施，故必须进行施工组织设计和技术交底。

5）建立、健全各项管理制度

施工现场各项管理制度是否建立、健全，将直接影响各项施工活动的顺利进行。要圆满完成施工任务，就必须建立、健全工地的各项管理制度。这些管理制度通常包括：工程质量检验与验收制度；工程技术档案管理制度；建筑材料的检查验收制度；技术责任制度；施工图学习和会审制度；技术、安全交底制度；职工考勤、考核制度；材料入库制度；安全操作制度等。

（4）施工现场准备

施工现场的准备工作，主要是为施工的单位工程创造有利的施工条件和物资保证，为工程的顺利进行打下一个良好的基础。其具体内容如下：

1）清除施工场地内一切地上或地下障碍物；

2）建立施工场地的测量控制网；

3）做好"三通一平"工作；

4）做好施工现场的补充勘探工作；

5）搭设临时设施并安装、调试施工机具；

6）做好建筑构（配）件、制品和材料的储存和堆放工作；

7）制定及时提供建筑材料的试验申请计划；

8）做好冬、雨期施工安排工作；

9）安排好新技术、新工艺、新材料的试制和试验工作；

10）布置安排好消防、保安等设施。

（5）施工的场外准备

建筑施工是由很多的单位共同配合完成的，因此除了施工现场的准备工作之外还有施

工现场外的准备工作。其具体内容如下：

    1）建筑材料、构（配）件及工艺设备的加工和订货；

    2）做好分包工作和签订分包合同；

    3）及时向上级主管部门提交开工报告。

    （6）编制施工准备工作计划

    为了落实各项施工准备工作，加强对其检查和监督的力度，保证施工全过程的顺利进行，必须根据各项准备工作的内容、时间和具体负责人，编制出施工准备工作计划。施工准备工作计划如表 4-2 所示：

单位工程施工准备工作计划

表 4-2

序　号	准备工作项目	简要内容	负责单位	负责人	起　止　日　期		备　注
					日/月	日/月	

3.4　各项资源需用量计划的编制

    在单位工程施工进度计划确定后，就可编制各项资源需用量计划。各项资源需用量计划不仅满足了各施工阶段的量化要求，也为施工过程中各项资源的供应、平衡、调度、落实提供了可靠的依据。并为施工进度计划的顺利进行提供了保证。

    （1）劳动力需要量计划

    单位工程劳动力需要量计划主要是根据单位工程施工进度计划制定的，主要用于调配劳动力，安排生活福利设施、优化劳动组合。编制的方法是：将施工进度计划表内所列每天施工的项目所需工人人数按工种进行汇总，即可得出每天所需工种及其人数。其表格形式如表 4-3 所示：

单位工程劳动力需要量计划

表 4-3

序　号	工种名称	需要总工日数	人　数	需　要　时　间												备　注
				月			月			月			月			
				上	中	下	上	中	下	上	中	下	上	中	下	

    （2）主要材料需要量计划

    单位工程主要材料需要量计划是根据单位工程施工进度计划编制的，主要为了组织备料、确定仓库、堆场面积、组织运输之用。其编制方法是：将施工进度计划表中各施工过程的工程量，按材料品种、规格、数量、使用时间计算汇总而成。其表格形式如表 4-4：

119

			单位工程主要材料需要量计划			表 4-4

序 号	材料名称	规 格	需用量		供应时间	备 注
			单 位	数 量		

（3）构件和半成品需要量计划

单位工程构件和半成品需要量计划是根据单位工程施工进度计划编制的。主要用于落实加工订货单位，并按所需规格、数量、时间，组织加工、运输和确定堆场位置和面积之用。其表格形式如表 4-5：

				单位工程构件需用量计划				表 4-5

序 号	品 名	规 格	图 号	需用量		加工单位	供应日期	备 注
				单 位	数 量			

（4）施工机械需要量计划

单位工程施工机械需要量计划是根据单位工程施工进度计划和施工方案编制的。主要用于确定施工机具类型、数量、进场时间，落实机具来源，组织进场、退场日期。其表格形式如表 4-6：

			单位工程施工机械需用量计划				表 4-6

序 号	机械名称	类型型号	需用量		来源	使用起止时间	备 注
			单 位	数 量			

课题 4 施工平面图设计

4.1 概 述

单位工程施工平面图是对一个拟建工程的施工现场在平面上的规划和空间布置的图示。它是进行施工现场布置的依据，也是实现文明施工、节约并合理利用土地，减少临时设施费用的先决条件。因此，它是施工组织设计的重要组成部分。

一般单位工程施工平面图绘制的比例为 1：200～1：500。

拟建工程的施工，需要施工现场具备一定的必要条件，除了做好必要的"三通一平"工作之外，还应布置施工机械、材料堆场、仓库、加工棚、办公室、厕所等生产性和非生产性的民工住房、食堂等临时设施。这些设施是不能随意布置的，而是应该根据拟建工程的施工特点和施工现场的具体条件，按照一定的原则，作出一个科学、合理、适用、安全、经济的平面布置方案。如果将上述内容绘制在图纸上，这就是单位工程施工平面图。

施工平面图设计是单位工程开工前准备工作的重要内容之一。它是安排布置施工期间各种暂设工程和其他业务设施等同永久性工程和拟建工程之间合理位置的依据，是实现有组织、有计划和施工顺利进行的重要条件，也是实现施工现场文明施工的重要保证。因此，设计出一个科学、合理、适用的单位工程施工平面图，并能严格贯彻执行，加强监督和管理，不仅能顺利地完成施工任务，而且还能保证进度，提高工作效率、经济效率和管理水平。

建筑工程的施工是一个复杂的过程。每一个单位工程由于其性质、功能、规模、现场条件和工期要求不同，故所采用的施工方案、施工方法、施工机械也不同。因此，施工平面图设计的内容多少也不尽相同，而且会随着工程的进展，施工平面图设计的内容也在不断的变化。所以，对工程规模较大，工期较长，结构较复杂的单位工程，应该按不同的施工阶段设计出不同的施工平面图。而对于工程规模较小，工期较短，结构较简单的单位工程，只设计一张主要施工阶段的施工平面图即可。

在施工平面图的设计过程中，要注意统筹兼顾。如近期工程的应照顾远期工程的；土建施工的应照顾设备安装的；局部的应服从整体的。一般来讲，整个建筑施工均应以土建施工单位为主，而各协作单位应与土建单位共同协商，科学利用施工场地，合理布置施工平面图，做到各得其所。

4.2 施工平面图设计的依据和基本原则

4.2.1 施工平面图设计的依据

在设计施工平面图之前，首先必须熟悉施工现场及周围的地理环境；其次对拟建工程的工程概况、施工方案、施工进度等有关要求进行认真研究；最后对收集的有关原始资料进行周密的分析。只有这样，才能使施工平面图的设计与施工现场及工程施工的实际情况相符合。

单位工程施工平面图设计的主要依据为：

（1）自然条件调查资料。如气象、地形、水文及工程地质资料等。主要用于布置地表水和地下水的排水沟；确定易燃、易爆及有碍人体健康的设施布置；安排冬、雨期施工期间所需设施的位置。

（2）技术经济调查资料。如交通运输、水源、电源、物资资源、生产和生活基地等资料。主要管线的铺设位置及走向；施工道路与现场出入口的位置及走向；临时设施搭建的数量及位置。

（3）建筑总平面图。此图上表明的一切地上、地下的已建工程及拟建工程的位置，是正确确定临时设施位置、修建施工道路、解决施工现场排水等所必须的资料。同时也为原有建筑物能否被施工单位所利用及拆除时间提供了信息。

（4）一切已有和拟建的地上、地下的管道位置。在设计施工平面图时，应考虑能否利用这些管道或这些管道妨碍施工而应提前拆除或迁移。但要注意，不得把临时设施布置在拟建管道上面。

（5）建筑区域的竖向设计和土方平衡图。这些资料对水、电管线的铺设、土方工程的挖、填及取、弃土的地点都很有用。

（6）施工方案与进度计划。应根据施工方案来确定各种施工机械的数量，并按要求布置它们的位置；根据施工进度计划，了解各阶段施工时对现场的不同要求，综合考虑施工平面的布置。

（7）根据各种主要建筑材料、构（配）件加工生产计划、需要量计划及施工进度计划等资料，来进行各堆场、仓库等的面积和位置设计。

（8）建设单位能提供的已建及原有建筑物的面积等情况，以便施工单位在施工现场决定搭设临时设施的数量。

（9）施工现场必须搭建作业场所的规模及要求，以便确定其面积和位置。

（10）其他需要掌握的有关材料和特殊要求。

4.2.2 施工平面图设计的基本原则

单位工程施工平面图的设计要遵守一定的原则，否则会在施工的过程中，造成工作效率低、工期延误、施工成本提高及不安全的严重后果。因此，在设计施工平面图时，一定要遵循如下几条基本原则：

（1）在确保安全施工以及能满足顺利施工的条件下，现场布置要紧凑，尽可能节约用地，做到少占或不占农田。

（2）尽量使场内运输距离最短，少搬运，尽可能避免二次搬运。各主要材料、构（配）件的堆场应尽可能地布置在使用点附近，如需通过垂直运输，则应布置在垂直运输机械附近或有效工作半径之内，力求运距最短、转运次数最少。以便达到提高工作效率、减少材料损耗，降低施工成本的目的。

（3）在满足施工顺利进行的前提下，尽可能减少临时设施的搭设。为了降低临时设施的费用，应尽量利用已有的或拟建的房屋和管线来为施工服务。对必须搭设的临时设施尽可能多采用装拆式或临时固定式房屋。

（4）要有利于生产、生活和施工管理。即做到分区明确、避免人流交叉，便于工人的生产、生活，而且有利于现场管理。

（5）要符合劳动保护、技术安全及消防的要求。对易燃、易爆及会产生有害气体的物资，应有消防措施，并布置在下风向和远离生活区的位置；根据工程的具体情况，要按要求设置消火栓；为了保护环境，应布置建筑垃圾堆放场等。

在设计单位工程施工平面图时，除应遵循上述原则外，还应根据建筑物的施工过程，结合工程特点、施工条件和施工环境，进行多方案比较，选择出合理、安全、经济、适用的设计方案。

4.3 施工平面图的主要内容

在单位工程施工平面图中应用图例或文字表明以下主要内容：

（1）在单位工程施工区域范围内，所有已建和拟建的地上的、地下的建筑物及构筑物的平面尺寸、位置，并标出其他设施（道路和其他管线等）的尺寸、位置以及指北针、玫瑰风向图等。

（2）标注测量放线标桩的位置、地形的等高线，土方工程的取土及弃土地点等的说明。

（3）拟建工程所需的起重机械、垂直运输设备、混凝土搅拌机及其他机械设备的位置，自行式起重机的开行路线及方向等。

（4）各种材料加工的半成品、预制构件、周转材料和各类机具的堆场面积及位置的确定。

1）非生产性的临时设施的名称、面积、位置的确定。

2）生产性的临时设施的名称、面积、位置的确定。

3）临时供电、供水、供热等管线的布置；水源、电源及变压器位置的确定；现场排水管线的布置等。

4）永久性和临时性的施工道路的布置及施工现场出入口位置等。

5）一切劳动保护、安全和消防设施的位置等。

4.4　施工平面图的设计步骤

单位工程的施工平面图的设计步骤一般是：

收集、分析、研究有关原始资料→确定起重机械的位置→确定搅拌站、仓库、加工厂及材料和构件堆场的位置、面积→布置现场运输道路→布置生产性及非生产性临时设施→布置水、电管线→布置安全消防措施。

一般情况下，均应按上述步骤和顺序来进行单位工程施工平面图的设计，这样可以节约时间、减少矛盾。但由于施工条件和施工环境的不同，也可能发生变化，这就要求设计者根据实际情况灵活掌握。在施工平面图的设计中，不光要考虑平面布置上的科学性和合理性，还必须考虑在空间上是否可能与合理，特别要注意安全问题，如空中的高压电线和通信线路等。

4.4.1　收集、分析、研究有关的原始资料

在施工平面图设计之前，应收集、分析、研究相关的资料。如地形、现场环境、施工图及施工方案和施工进度计划等，只有这样才能全面掌握现场的情况，为设计施工平面图奠定一个良好的基础。

4.4.2　确定起重机械的位置

在多层和高层建筑房屋中，起重机械所承担的工作量是最大的，并直接影响到整个工程的工作效率和工期。而且起重机械位置的确定，同时也影响到混凝土搅拌站、材料及构件的堆场和仓库的位置。因此，它是施工现场布置中的核心部位，应首先确定。

（1）固定式垂直运输机械的位置

这类机械有固定式塔吊、井架、龙门架、桅杆等。它们的布置主要根据机械性能、建筑物的平面形状、高度、施工段的划分情况、材料和构件的重量、运输道路情况而定。其布置原则是，充分发挥起重机械生产率，并使地面和楼面的水平运距最短。布置时应考虑以下几个方面的问题：

1）当建筑物层数、高度相同时，应布置在施工段的分界线附近；当建筑物层数、高度不同时，应布置在高低分界线处，且均靠现场较宽的一面。这样布置一方面是楼面上各施工段水平运输互不干扰；另一方面可在垂直运输设备的附近堆放材料、构件等，从而达到缩短运距的目的。

2）为了避免砌墙留槎和减少拆除后的修补工作，井架、龙门架的位置应布置在门、窗口处。

3）确定井架、龙门架的数量，主要是根据施工进度、垂直运输构件和材料的数量、台班工作效率等因素计算来决定，其服务范围一般为50～60m。

4）卷扬机的位置不应距离起重机械太近，以便司机的视线能够看到整个的升降过程。一般要求此距离大于建筑物的高度，水平距外脚手架3m以上。

（2）塔式起重机的布置

塔式起重机可分为固定式、轨行式、附着式和内爬式四种。这是一种集起重、垂直提升、水平运输三种功能为一体的机械设备，所以工作效率较高。

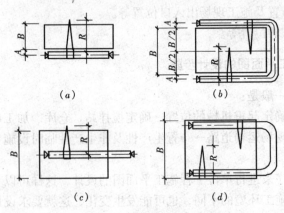

图4-6 塔式起重机布置方案
（a）单侧布置；（b）双侧布置；（c）跨内单行布置；（d）跨内环形布置

轨行式起重机的轨道一般沿建筑物长向布置，其位置尺寸取决于建筑物的平面形状、尺寸、构件重量、起重机的性能及四周的施工场地条件等。通常轨道的布置有四种，如图4-6所示：

1）单侧布置

当建筑物宽度较小，构件自重不大，所选择的起重力矩在50kN·m以下的塔式起重机时，可采用单侧布置方式。这种布置方式的优点是：轨道长度较短，并有较宽敞的材料和构件的堆放场地，故施工时常被采用。在采用单侧布置方式时，其起重半径 R 应满足下式的要求：

$$R \geqslant B + A \tag{4-13}$$

式中　R——塔式起重机的最大回转半径；

　　　B——建筑物平面的最大宽度；

　　　A——建筑物外墙皮至塔轨中心线的距离。一般当无阳台时，A = 安全网宽度 + 安全网外侧至轨道中心线距离；当有阳台时，A = 阳台宽度 + 安全网宽度 + 安全网外侧至轨道中心线距离。

2）双侧布置或环形布置

当建筑物的宽度较大，构件自重较大时，应采用双侧布置或环形布置，此时起重半径应满足下式要求：

$$R \geqslant \frac{B}{2} + A \tag{4-14}$$

3）跨内单行布置

当建筑施工场地狭窄，无法在建筑物外侧布置轨道，或由于建筑物较宽，构件自重较大时，应采用跨内单行布置。此时起重半径应满足下式要求：

$$R \geqslant \frac{B}{2} \tag{4-15}$$

4）跨内环形布置

当建筑物较宽，构件自重较大，而采用跨内单行布置也不能满足构件吊装要求时，并且塔吊不可能在跨外布置时，则应选择跨内环形布置。

当塔式起重机的位置及尺寸确定后，还应复核其起重量、回转半径和起重高度三项工作参数，以保证满足施工要求。若复核不满足施工要求时，则应调整上述各式中 A 的距离。A 已达到最小安全距离时，则必须采取其他的技术措施，最后绘出塔式起重机的服务范围。它是以塔轨两端有效端点的轨道中心点为圆心，以最大回转半径为半径，连接两个半圆，即为塔式起重机的服务范围，如图 4-7 所示。

固定式和附着式塔式起重机是不铺设轨道的，最好将其布置在需要吊装材料和构件堆场的一侧，使其在起重机的服务半径之内，从而提高工作效率。

内爬式起重机是布置在建筑物的中间，通常设置在电梯井内，以电梯井来代替塔身。

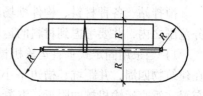

图 4-7　塔吊服务范围示意图

在确定塔式起重机服务范围时，最好将整个建筑物均纳入塔式起重机的服务范围之内，以保证构件或材料能直接一次性运送到施工部位，尽可能不出现吊装死角。如果确实无法避免，则要求吊装死角越小越好，且不应出现吊装最重、最高的构件。为了解决这一问题，有时将塔吊和龙门架同时使用，如图 4-8 所示，但要保证塔吊回转时不能与龙门架碰撞，确保施工安全。

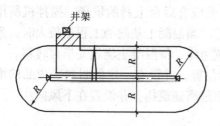

图 4-8　塔吊龙门架配合示意图

在塔吊服务范围内应考虑有较宽的施工用地，以便安排构件堆场和搅拌设备，使构件和出料斗能直接挂钩起吊。主要的施工道路也宜安排在塔吊服务范围内。

此外，在搭设塔吊时，要注意在高空是否有高压线通过，如有高压线通过，高压线必须高出塔吊，并留出安全距离。如满足不了上述条件，高压线则应迁移，在迁移高压线有困难时，一定要采取相应的安全措施。

5）自行无轨式起重机械

自行无轨式起重机械分履带式、轮胎式和汽车式三种。它一般不用作水平运输、垂直运输，专用于构件的装卸和起吊。适用于单层工业厂房的主体结构吊装及砌体结构大梁、楼板等较重构件的吊装。其吊装的开行路线及停机位置主要取决于建筑物的平面布置、构件重量和吊装方法等。

6）外用施工电梯

外用施工电梯也称为客、货两用电梯，它安装在建筑物的外部，在施工期间承担了垂直运输施工人员和建筑器材的任务，是目前高层建筑施工不可缺少的关键设备之一。

在确定外用施工电梯的位置时，应考虑到便于施工人员上下和物料的集散。由电梯口到各施工点的平均距离应最近；要便于安装附墙装置；靠近电源，夜间的照明要良好。

7）混凝土泵和泵车

在高层混凝土结构建筑施工中，混凝土的用量是十分巨大的，通常采用泵送的方法进行。混凝土泵是在压力的推动下，沿着管道输送混凝土的一种机械设备，它能一次连续完成混凝土的水平和垂直运输任务。目前，我国生产的混凝土泵，最大理论输送距离，水平向为 1000m，垂直向为 150m；而国产混凝土泵车，最大理论输送距离，水平向为 520m，垂直向为 110m。

混凝土泵布置时宜考虑设置在场地平整、道路通畅、供料方便且距浇筑地点近，配管、排水、供水、供电方便的地方，并且在混凝土泵作用范围内不得有高压线，以保安全。

（3）确定搅拌站、仓库、加工厂及各种材料、构件堆场的位置

搅拌站、各种材料、构件堆场和仓库的位置应尽量靠近施工地点或垂直运输设备的服务范围之内，并要考虑到材料的运输和装卸的方便性。

1）当采用固定式垂直运输机械时，首层、基础和地下室所用的石、砖等材料宜布置在建筑物四周，并距坑、槽边不小于 1m，以免造成塌方事故；二层以上的建筑材料，应布置在垂直运输机械的附近；混凝土或砂浆搅拌站、水泥库应尽量布置在垂直运输机械附近。

2）当采用轨行式塔式起重机械时，材料、构件的堆场及搅拌站出料口，均应布置在塔式起重机有效的服务范围之内。

3）当采用自行无轨式起重机械时，材料、构件堆场、仓库及搅拌站的位置，应按施工方案及起重开行路线布置，且其最远位置也应在起重臂的最大外伸长范围以内。

4）只要在施工现场搅拌混凝土或砂浆，搅拌机就应有后台上料的堆场，搅拌机所用的所有材料如水泥、砂、石等均应布置在搅拌机附近。当混凝土基础的工程量较大时，为减少混凝土的运距，混凝土搅拌站可直接布置在基坑边缘，待混凝土浇筑完毕再转移。

5）加工厂的位置，宜布置在建筑物四周稍远的位置，并设有一定的材料、成品的堆场。对于一些易燃、易爆、有污染的材料，其位置应远离建筑物，并设置在下风向。

（4）现场运输道路的布置

施工现场的道路，应按材料、构件等的运输及消防要求，沿着仓库和堆场进行布置。并尽可能利用永久性道路，或先做好永久性路基，在交工之前再铺设路面。道路的宽度要符合规定，一般单车道不小于 3.0m，双车道不小于 6.0m，消防车道不小于 3.5m。总之，施工现场的道路应保证行驶畅通，使运输道路有回转的可能性。因此，道路最好围绕建筑物布置成一条环形道路，如不能布置成环形路，应在路端设置 12m×12m 的回车场。

（5）临时设施的布置

施工现场的临时设施分为生产性临时设施，如木工棚、钢筋加工棚、水泵房等；而非生产性临时设施包括办公室、工人休息室、开水房、食堂、厕所、宿舍等。布置时应考虑使用方便、有利于施工、符合安全、防火的要求。

1）生产性设施宜布置在建筑物四周稍远处，且应有一定的材料和成品的堆场。

2）非生产性设施与加工棚、仓库等生产性设施应分开，不要相互干扰。

3）石灰仓库、淋灰池的位置应靠近搅拌站，且设在下风向。

4）沥青存放及熬制锅的位置应离开易燃仓库和堆场，且设在下风向。

5）工地办公室应靠近施工现场，设在工地入口；工人休息室应设在施工地点附近靠围墙布置；门卫、收发室应布置在现场出入口处等。

行政管理、临时宿舍、生活福利用临时房屋面积参考表，见表 4-7：

行政管理、临时宿舍、生活福利临时房屋面积参考表　　表 4-7

序号	临时房屋名称	单 位	参考面积（m²）	序号	临时房屋名称	单 位	参考面积（m²）
1	办公室	m²/人	3.5	5	浴 室	m²/人	0.10
2	单层宿舍（双层床）	m²/人	2.6～2.8	6	俱乐部	m²/人	0.10
3	食堂兼礼堂	m²/人	0.9	7	门卫、收发室	m²/人	6～8
4	医务室	m²/人	0.06（≥30m²）				

（6）水电网的布置

1）施工供水管网的布置

施工供水首先应进行水量、管径的计算，然后经过设计再布置。主要内容包括：水源选择、用水量计算（包括施工用水、生活用水和消防用水等）、取水设施、贮水设施、配水布置、管径的确定等。

（a）单位工程施工组织设计的供水计算和设计可以简化或根据经验进行安排，常采用枝状布置形式。一般 5000～10000m² 的建筑物，施工用水的总管径为 100mm，支管径为 40mm 或 25mm。

（b）消防用水一般利用城市或建设单位的永久消防措施，如自行安排，应按有关规定设置。消防管直径不小于 100mm，消火栓间距不大于 120m，应在靠近十字路口或道边布置，距道边不应大于 2m，距建筑物外墙不应小于 5m，也不应大于 25m，且应设有明显的标志，周围 3m 以内不得堆放建筑材料。

（c）在野外施工时，应考虑水源的选择、取水设施、贮水设施等的布置。

（d）高层建筑施工时，应设置蓄水池和加压泵，以满足高空施工用水的需要。

（e）供水管线的布置，应力求最短，消防用水和施工、生活用水的管道可合并设置。

（f）为了排除地表水和地下水，应及时修通下水道，最好与永久性排水系统相结合。同时，应结合现场地形，在建筑物周围设置排除地表水和地下水的沟渠。

2）施工用电网的布置

施工用电的设计主要包括用电量计算、电源选择、电力系统选择和配置。用电量包括施工用电和照明用电两大类。在施工现场布置和架设电线时，应注意以下几个问题：

（a）施工现场电线的架设一般采用架空配电线路，且要求架空电线与拟建建筑物水平距离不小于 10m，线与地面距离不小于 6m，跨越建筑物和临时设施时，垂直距离不小于 2.5m。

（b）现场线路应尽量布置在道路的一侧，且尽量保持线路水平，以免电线杆受力不均。在低压线中，电杆的间距应在 25～40m，分支线及引入线均应从电杆的横担处连接，不得在两杆之间接线。

（c）施工现场用电应进行计算，一般在施工总平面图中考虑。独立的单位工程，要计算用电量，选择变压器和导线的截面及类型。变压器应布置在现场边缘高压线接入处，距地面高度应大于 30cm，在 2m 以外四周用高度大于 1.7m 钢丝网围住，以确保安全，并设有明显标志，而不应把变压器设置在交通要道口。

必须指出，建筑施工是一个复杂多变的生产过程。各种建筑材料、构件、施工机械等随着工程的进展而分期分批的进场、变动及退场。因此，在整个的施工过程中，现场的实际布置情况是在不断地变动的。为此，对于大型工程、工期较长的工程或施工现场较为狭窄的工程，就需要按不同的施工阶段来分别绘制几张施工平面图，以便能把在不同的施工阶段内，现场合理布置情况全面、真实地反映出来。

4.5 施工平面图设计案例分析

任何一个施工现场，都应该按其施工对象、施工环境来绘制施工平面图，以便给今后施工顺利进行，提供一个科学、合理又实用的平面布置图。

为了更好地说明这个问题，现将同一条件下的一个单位工程施工平面图的三个方案分析如下。

(1) 单位工程施工平面图方案一，如图4-9所示：

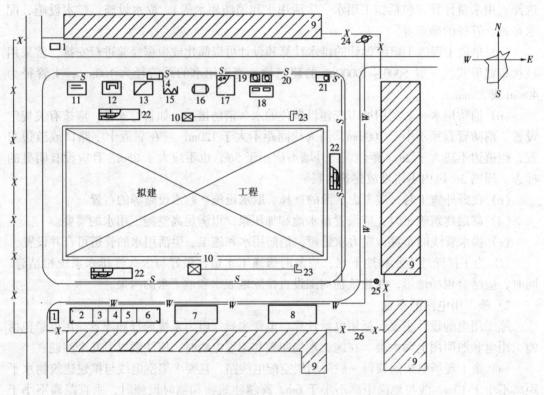

图4-9 单位工程施工平面图方案一

1—门卫室；2—办公室；3—工具库；4—机修间；5—仓库；6—休息室；7—木工棚及堆场；8—钢筋棚及堆场；9—原有建筑；10—井架；11—脚手、模板堆场；12—屋面板堆场；13—砂堆；14—淋灰池；15—砂浆搅拌机；16—混凝土搅拌机；17—石子堆场；18—一般构件堆场；19—水泥罐；20—消火栓；21—沥青锅；22—砖堆；23—卷扬机房；24—电源；25—水源；26—临时围墙

此方案从整体来看是较合理的，特别是当工期紧，材料的消耗量大的情况下，应采用此方案。但是，当工期较长时，此方案就显得不太合适了，因为它设了三个出入口，这势必增大了现场的管理难度，增多了门卫临时设施和守卫人员，从经济的角度讲有些欠佳。

(2) 单位工程施工平面图方案二，如图4-10所示：

此方案基本与方案一相同，但在方案二中，少了一个出入口，而材料的运输能力却丝

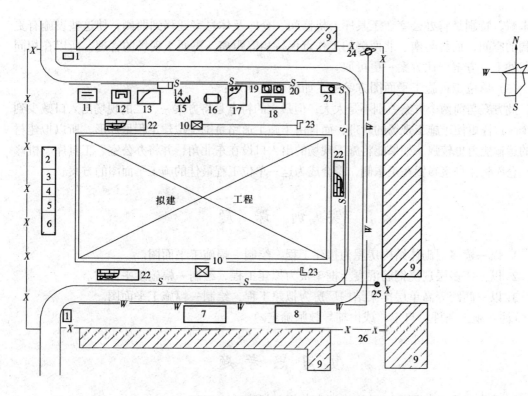

图 4-10　单位工程施工平面图方案二

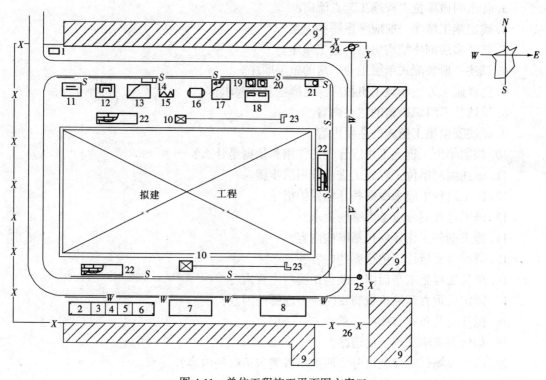

图 4-11　单位工程施工平面图方案三

毫未减，特别是将办公室、工具库、机修间、仓库及休息室迁移到西侧，使这些设施有更宽阔的空间，而且与南、北两侧的工作点保持相等距离，更便于现场的管理，所以在相同的条件下，方案二比方案一更可取。

（3）单位工程施工平面图方案三，如图4-11所示：

此方案与前两个方案差别不是太大，但最大的特点是将方案一、二的现场出入口减少到一个。这样更便于施工现场的管理，而且由于施工道路是围绕拟建工程呈环形，所以拟建材料的运输能力也较强。如果能将施工现场的出入口设在东北角，并将办公室、工具库、机修间、仓库和休息室布置在正东侧，将会成为这一单位工程最佳的施工平面图的方案。

实 训 课 题

1．以一幢多层砌体结构房屋为拟建工程，绘制一幅施工平面图。
2．以一幢多层现浇钢筋混凝土框架楼为拟建工程，绘制一幅施工平面图。
3．以一两跨等高单层排架结构厂房为拟建工程，绘制一幅施工平面图。
（注：施工条件可自定，或由辅导教师确定。）

复 习 思 考 题

1．单位工程的工程概况及施工特点分析包括哪些内容？
2．单位工程施工方案包括哪些内容？
3．什么叫做单位工程施工起点流向？
4．确定施工顺序一般应考虑哪些因素？
5．试述多层砌体结构房屋的施工顺序。
6．试述一般装配式单层工业厂房的施工顺序。
7．选择施工方法和施工机械应满足哪些基本要求？
8．试述技术组织措施的主要内容。
9．试述安全施工措施的主要内容。
10．编制单位工程施工进度计划的作用和依据是什么？
11．试述编制单位工程施工进度计划的步骤。
12．施工过程中应采取哪些环境保护措施？
13．施工过程划分应考虑哪些要求？
14．施工准备工作计划包括哪些内容？
15．资源需要量计划包括哪些内容？
16．单位工程施工平面图一般包括哪些主要内容？
17．固定式垂直运输机械布置时应考虑哪些因素？
18．搅拌站的布置有哪些要求？
19．如何布置施工现场的道路？
20．施工现场临时设施可分哪两类？各类包括哪些内容？
21．试述临时供水、供电设施的布置要求。

单元 5 施工组织设计案例

知 识 点： 标前施工组织设计和标后施工组织设计的实际应用

教学目标： 通过该单元的学习，使学员通过具体案例全面了解和总结建筑施工项目施工组织设计的内容和编制方法，为独立编制简单单位工程施工组织设计打下坚实的基础。

课题 1 标前施工组织设计案例（钢筋混凝土框架结构）

1.1 工 程 说 明

豪盛世纪花园二期工程位于××市××区豪盛世纪花园小区西侧，北临卫国道，南侧毗邻二环线河堤道，西侧为东山路。工程建设单位为××市树达房地产发展有限公司，设计单位为××市建筑设计院。

豪盛世纪花园工程建筑面积为 1380m²。为原 F 座贴建裙房，框架结构体系，地下一层，地上二层。地下为设备用房，地上为豪盛世纪花园小区配套公建，建筑总高度为 9.2m。

该工程计划开工日期为 2004 年 11 月 22 日，计划竣工日期为 2005 年 5 月 22 日，历时 181 天。

1.2 施工现场平面布置

依据施工现场实际情况，本着合理利用有限的施工场地的原则，做好现场三通一平工作，按要求敷设水管、架设电线、修筑硬化路面，并平整好施工场地和材料堆放场地。将材料加工区尽量布置在拟建建筑物附近，便于水平及垂直运输；建筑材料堆放区布置在临时道路两旁。具体布置如图 5-1 所示。

1.3 施工管理班子主要管理人员

项 目 经 理 部 成 员   表 5-1

职　务	姓　名	职 称 （略）	职　务	姓　名	职 称 （略）
项目经理	×××		项目预算员	×××	
项目副经理	×××			×××	
项目工程师	×　×		项目合同员	×　×	
	×　×		项目资料员	×××	
项目工长	×××		项目测量员	×××	
	×××		项目计量员	×××	
	×××		项目设备员	×　×	
项目质量员	×　×		项目安全员	×××	
			项目试验员	×××	
项目材料员	×　×		项目现场管理员	×　×	
	×××			×　×	

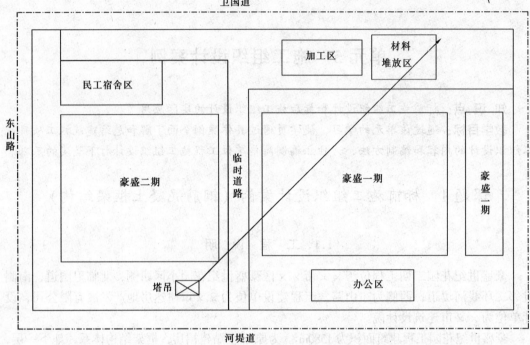

图 5-1　豪盛二期施工平面布置图

1.4　劳 动 力 计 划

劳 动 力 使 用 计 划 表　　　　　　表 5-2

工　种	按工程施工阶段投入劳动力情况			工　种	按工程施工阶段投入劳动力情况		
	地基与基础工程	主体工程	其他分部工程		地基与基础工程	主体工程	其他分部工程
木　工	15	15	10	焊　工	2	2	2
瓦　工	10	10	15	油漆工	0	0	10
抹灰工	6	0	10	防水工	4	0	4
钢筋工	15	15	0	壮　工	10	20	10
水暖工	6	6	10	合　计	74	74	81
电　工	6	6	10				

1.5　施 工 进 度 计 划

施工进度计划编制原则：

1．满足合同工期要求的原则：合同工期 181 天。

2．合理的资源配置原则：机械设备、材料的投入。

3．在时间、空间部署的原则：重点考虑季节性施工和立体交插施工。

4．符合总施工顺序逻辑关系部署的原则：先地下后地上，先结构后围护，先主体后装修，先土建后专业的总施工顺序。

5．采用流水作业，保证施工管理程序化、标准化，提高工作效率。

施工进度计划见图 5-2。

标识号	任务名称	工期	开工日期	完成时间	04年12月			05年1月			05年2月			05年3月			05年4月			05年5月		
					21	1 11 21		1 11 21			1 11 21			1 11 21			1 11 21			1 11 21		
1	土方开挖	5工作日	2004年11月22日	2004年11月26日																		
2	地基处理	10工作日	2004年11月27日	2004年12月6日																		
3	垫 层	10工作日	2004年12月7日	2004年12月16日																		
4	地下室主体	35工作日	2004年12月17日	2005年1月20日																		
5	首层主体	11工作日	2005年3月1日	2005年3月11日																		
6	二层主体	10工作日	2005年3月12日	2005年3月21日																		
7	屋面工程	30工作日	2005年3月22日	2005年4月20日																		
8	装修工程	59工作日	2005年3月21日	2005年5月20日																		
9	设备安装	65工作日	2005年4月15日	2005年5月20日																		
10	设备调试	2工作日	2005年5月19日	2005年5月20日																		
11	清理撤场	2工作日	2005年5月21日	2005年5月22日																		

图 5-2 豪盛世纪花园二期工程进度计划

1.6 施工进度施工工期保证措施

为保证工期计划的完成，应从施工全局出发，按照客观的施工规律，统筹安排与施工活动有关的各个方面，以期达到多、快、好、省的目的。

1.6.1 在劳动力选择上，优先选择具有从事过同类工程施工经历的大型施工队伍。要确保劳动力供应及合理组织使用，防止出现缺少劳动力和出现窝工现象发生。

1.6.2 通过流水穿插施工防止出现窝工现象。

1.6.3 按照工程特点、施工阶段、施工层部位的标高和使用顺序的不同，将施工中使用的材料、机械设备，布置在尽量靠近使用地点或塔吊的能力范围以内，并考虑到运输和装卸的方便，避免二次倒运。

1.6.4 在土建施工过程中，穿插水、暖、电施工。

1.6.5 协调好施工中各施工队、各工种之间，资源与时间之间，各项资源之间的关系，合理安排施工，使工程有组织、有计划、有秩序地进行。

1.7 主要施工机械、设备

施工设备使用计划表　　　　　　　表 5-3

设备名称	规格型号	单 位	计划数量	计划进场日期	计划退场日期	用 途
潜水泵	QY15-26	台	4	2004.11.22	2005.5.22	基坑降水
钢筋调直机	JJM-3	台	1	2004.11.22	2005.5.22	钢筋调直
钢筋弯曲机	Q40	台	1	2004.11.22	2005.5.22	钢筋弯曲
钢筋切割机	GQ50	台	1	2004.11.22	2005.5.22	钢筋切割
闪光对焊机	NA-100	台	1	2004.11.22	2005.5.22	钢筋连接
电焊机	BX-500	台	2	2004.11.22	2005.5.22	钢筋连接
电 锯	HJ50-2	台	1	2004.11.22	2005.5.22	模板加工
平 刨	MBJ503	台	1	2004.11.22	2005.5.22	模板加工
振捣棒	ZN50 * 8 ZN35 * 8	条	6 4	2004.11.30	2005.5.22	混凝土振捣
塔 吊	Fa23B	台	1	2004.11.22	2005.5.22	垂直运输
反铲挖掘机	日立	台	1	2004.11.22	2004.11.25	土方开挖
翻斗车	太脱拉 15t	辆	8	2004.11.22	2004.11.25	土方开挖
混凝土搅拌机	JZC350	台	2	2004.11.30	2005.5.22	砂浆搅拌
蛙 夯	HW-40	台	4	2005.1.25	2005.2.15	回填土

1.8 基 础 施 工 方 案

1.8.1 施工工艺流程图：

围护结构→降水→挖槽→地下室→地下防水

1.8.2 主要分部工程施工方法

（1）建筑测量

134

测量放线前必须做出测量放线方案，由项目工程师审核、确认后方可放线。主轴线测量和水平原始标高引测必须经项目工程师审核，确认。

1) 轴线控制：首先放出基础主控轴线，主控轴线与槽外侧地上所留桩点必须重合。放轴线时必须确保最后闭合，如轴线不闭合必须重新进行测量。水平距离测量要拉通尺，以减少误差积累。

2) 标高控制：将设计指定水平标高原始点用水准仪引测至临近建筑物（不再沉降），做出明显标志，由项目工程师进行复核。首层标高都要从引测点引测以防止从不同点引测所造成误差积累，首层主体完工将50线引至柱外，以便拉通尺向上引侧，控制门窗洞口和楼板标高。

（2）基坑围护

本工程为东侧距原有建筑物F座的贴建建筑物，距离只有100mm，而且南面一侧围堤道地下管线错综复杂，北侧为小区内供热、供电等管线、电缆，决定在周边设置水泥搅拌围护桩作为止水帷幕（与C座相连），在拟建建筑物南北两侧设置灌注桩作为围护桩。

（3）降水

降水采用基槽内管井降水形式，基槽内共设置管井4口，井深9米，每口井设一台潜水泵，根据基槽开挖深度降水，槽底标高相对于±0.000为-5.09m，将水位降至槽底下-0.5m后方可进行开挖。

对管井保护措施：挖槽时，应对管井加以妥善的保护，其方法：首先要用竹筐将管井上口封严，避免挖土时将土掉落井中，将管井堵塞，另外，当挖掘机挖至管井较近时，可用人工清除管井周围土方，避免机械碰坏管井。

（4）封井

施工中可根据管井涌水情况确定是否随浇底板混凝土随封井，简化施工工艺。地下水位较低，上升速度平稳且总是回升到某一平衡位置时，可在底板防水施工完毕以前用碎石及混凝土进行封井。若水位变化起伏较大，且水位上升速度较快，则应在基础底板施工前利用钢套管进行封井。封井时，将水抽出，井内回填土石屑，用钢板焊封井口上的止水环后，浇筑与基础底板相同的膨胀混凝土。

（5）基坑开挖

由于本工程基坑面积较小，采用1台反铲式挖掘机进行土方开挖，10辆装卸车运土。挖土从东侧向西侧进行开挖，有灌注桩的南北两侧以及靠近原有建筑物一侧采用直挖的形式，西侧采用1:1放坡形式进行开挖。槽底标高为-5.09m，土方开挖过程中要注意以下事项：

1) 注意降水井的保护，行走车辆与井口保持一定距离，以免将井口挤压变形。

2) 在开挖土方时，随时提醒挖掘机不要碰撞帷幕，靠近帷幕50cm的土方要结合人工挖土。

3) 避免运行车辆对帷幕直接碾压，造成桩下端断裂。

4) 桩间土由人工清土，避免挖掘机直接碰撞工程桩，以免发生断桩现象。

随基坑开挖随浇注垫层混凝土以保证作业面干燥，防止扰动土壤。

（6）基槽钎探

基槽开挖后应先晾槽，待槽底充分干燥后应会同建设单位和设计单位进行验槽。

1）基槽检验：

（a）表观检测，观察槽底土的颜色是否均匀一致，是否有局部含水量异常现象，走上去是否有颤动的感觉。

（b）钎探检测，采用φ22钢筋2.5m长制成钢钎，钎尖呈60尖锥状。用8磅大锤举高离钎顶0.7m将钢钎垂直打入土中，并记录每打入土层0.3m的锤击数。条基采用梅花形布置钎孔，钎孔间距为2.0m，钎孔探度为2.0m；柱基处也采用梅花形布置钎孔，钎孔间距为2.0m，钎孔深度为2.0m。

2）地基局部处理：逐层分析钎探记录，逐点进行比较。将锤击数显著过多或过少的钎孔在钎探平面图上作标记，重点检查该部位。将地基土中的软弱虚土和局部硬物挖除并回填石屑夯实。

（7）垫层

基槽处理完毕后，及时浇注垫层混凝土。混凝土标号为C15，厚度为100mm，表面应平整，并应及时养护，防止起砂及表皮脱落。

（8）防水工程

垫层施工完毕后，进行聚氨脂防水工程的施工，操作方法及措施：

1）涂膜防水施工前，先将基层表面的突起物、尘土、砂粒、砂浆硬块等杂物清理干净；阴阳角处事先抹成圆角，阳角直径为20mm，阴角直径为60mm。

2）配置方法：将聚氨脂甲、乙组份按1:1.5的比例配合，用电动搅拌器搅拌均匀备用。聚氨脂防水涂料应随用随配。

3）用长把滚刷蘸满已配置好的聚氨脂涂膜防水混合材料，均匀涂布在基层表面上。涂完第一度涂膜后，一般需固化5h以上，在基本不粘手时，再按上述方法涂布第二、三度涂膜。

4）浇筑40mm厚C20细石混凝土保护层。施工时要求施工人员穿软底鞋，并禁止使用铁锨，如发现有损坏现象，立即用聚氨脂混合材料修复后，方可继续浇注细石混凝土，以免留下隐患。

（9）地下室施工

1）钢筋工程

（a）施工方法

钢筋工程采用机制人绑，φ20（含φ20）以上钢筋连接采用焊接，其中竖向筋如框架柱主筋采用电渣压力焊，水平筋采用搭接焊；φ20以下采用焊接（闪光对焊）或绑扎搭接。

钢筋保护层厚度：

a）底板及地下室外墙与土壤接触的迎水面，纵向受力钢筋混凝土保护层厚度为50mm。

b）±0.000以下其余部分纵向受力钢筋混凝土保护层为：梁柱30mm；墙板20mm。

c）±0.000以上部分梁25mm，柱30mm，墙板15mm保护层垫块用高标号水泥砂浆提前制作，使用时要具有一定的强度，其厚度要满足设计要求。

（b）施工工序

a）熟悉图纸，了解设计要求，熟悉规范，根据钢筋小样与图纸进行核对。

b）工艺流程：

绑扎地梁钢筋→绑扎底板钢筋→绑扎墙柱钢筋→绑扎零层梁板（依次循坏）

c）清理垫层表面，依据在混凝土垫层上弹好的轴线及外边线绑扎地梁、底板钢筋。

d）梁筋箍筋要按设计要求的间距在架力筋上划点，然后依所划标记进行绑扎。

e）箍筋接头应相互交错布置在架力筋上，相交点均应绑扎。当梁为双排受力筋时，两排筋之间应垫直径25mm的短筋。

f）柱筋绑扎前先在四角柱筋上划出箍筋位置点，以保证位置准确。箍筋接头要交错放置，箍筋弯钩为135°，平直段按设计要求为10d，柱筋竖向接头在同一截面上不超过50％。

2）模板工程

本工程基础阶段采用组合钢模板，施工前应熟悉施工图纸并结合施工工艺，合理配模。

（a）工艺流程

支底板模板→支地梁模板→支墙柱模板→支零层梁板模板（依次循环）

（h）准备工作

每道工序施工前应清理出工作面，模板使用前应涂刷隔离剂，并用水准仪抄测出标高控制点。

（c）支设模板

a）支模前先清理梁内杂物，按设计要求弹出地梁模板外边线，然后根据墨线支模。

b）支框架柱模板时要确保位置准确。合模后要在框架柱的相邻两个侧面进行垂直度检验，保证垂直度。

c）支墙、柱模板时，为保证模板的刚度、强度、稳定性，沿墙高、墙长设置对拉螺栓，并用钢管加固，具体设置详见附图一。临空墙、门框墙的模板安装，其固定模板的对拉螺栓上严禁采用套管，模板拆除后，螺栓两端烧断后抹水泥砂浆。

d）基础柱模支护时，距离柱根10cm加一道环箍，以上每隔0.6m加一道环箍。

e）钢木模板使用前刷隔离剂，使用后加强保养与维修，此项工作要有专人负责。

f）标高控制：模板安装时，标高按50线进行控制，用水准仪抄测控制点，然后拉线由模板工调整。

g）支设零层梁板时，按照所弹轴线搭设架子管及铺设梁底模板，并依据标高控制点调整好梁底标高，依墨线立好梁侧帮，同时找正、找直并加固牢固。按照设计要求，当梁跨度大于4m时，梁底模板中部按2‰起拱。

（d）模板的拆除

a）拆模时应保证混凝土达到一定的强度。混凝土强度符合设计及规范的要求再拆模，侧模拆除时的强度应能保证其表面及棱角不受损伤。

b）拆模时拆除顺序为：后支的先拆，先支的后拆，先拆除非承重部分，后拆除承重部分。

c）混凝土达到一定强度后，拆模工作应及时进行，以利于模板的周转使用。

d）模板拆除时，不应对楼板形成冲击荷载，拆除的模板和支架应分散堆放并及时清运。

e）拆除组合钢模板时逐块拆除，不抛掷。拆下后清理干净，以备后用。

3）混凝土工程

本工程施工全部使用商品混凝土，浇注时采用混凝土输送泵进行浇筑。商品混凝土在使用前要及时向搅拌站索要材质证书，并在现场严格控制混凝土坍落度。施工过程中严禁随意向混凝土中加水、加浆改变配合比。

（a）施工准备

a）浇注前，钢筋工程、模板工程必须验收符合要求。

b）浇筑用泵车、振捣棒等机械设备和机械零件应提前进行检修，确保施工中正常运转。

c）浇筑前，应清除模板内杂物，以确保混凝土质量。

d）浇筑前对操作人员进行技术交底，内容包括：施工顺序及方法，振捣棒操作规程，有关技术质量标准及保证措施。

（b）施工工艺

因本工程基础为上返梁结构，基础地梁部位混凝土分两次浇筑：第一次浇筑至底板上皮，待混凝土达到一定强度后，支地梁上部侧帮，浇筑上部混凝土。

施工缝处使用钢板网分隔，待下次浇筑时将施工缝清理干净，然后用素浆抹面。

（c）质量保证措施

a）浇筑过程中，注意保护钢筋，严禁踩压钢筋，并设专人看护钢筋，及时调整，保证钢筋位置正确。

b）浇筑时到现场混凝土由试验员负责检测其塌落度，并做好记录。如若不合格，不得使用。

c）浇筑过程中，设专人负责振捣，要振捣密实，防止发生漏振和过振等现象。

d）浇筑过程中必须连续浇筑，留置施工缝按事先预定位置留置，不得随意留置施工缝，避免出现冷缝。

e）及时留置试验用混凝土试块，并养护。

（d）混凝土养护

a）混凝土浇筑完毕后在楼板处立即用草帘子、塑料布加以覆盖保湿养护。

b）混凝土养护不得少于7天。

c）混凝土强度未达到 $1.2N/mm^2$ 前，不得在其上踩踏或安装模板及支架。

d）对于墙、柱等构件表面不便于保温养护时，拆模后应及时涂刷养护剂。

1.9　基础质量保证措施

1.9.1　把好原材料关，按国标或部标控制进场原材料质量，不使用无合格证或复试不合格原材料，对材料进行合理存放。

1.9.2　搞好技术培训和技术交底工作，针对技术素质偏低的施工人员，在施工前组织施工人员进行技术规范标准、施工方案的学习，按项目工程师→项目工长→生产班组长→操作工人顺序进行逐级技术交底。

1.9.3　在基础施工中，由专业工长负责控制槽底标高，防止超挖和欠挖，避免不必要的人力、材力投入。

1.9.4 对重点必控工序，质量疑难问题分步进行分析研究，在关键环节设立质量管理点，制定内控指标及相应的技术质量措施的方案。

1.9.5 在机械挖土的过程中，派专人负责盯槽，防止机械碰撞混凝土灌注桩。

1.9.6 严格工序控制，以质量预控为主，贯彻执行质量否决权，提高工序一次验收的合格率。

1.10 基础排水和防止沉降措施

1.10.1 基槽排水

基坑土方开挖前先进行降水，待地下水位降至槽底标高以下0.5m时开始进行土方开挖。在土方开挖和基础工程施工的全过程中始终将地下水位控制在槽底标高以下0.5m。

基坑土方开挖后及时浇注混凝土垫层，保证排水顺畅、不积水，作业面干燥。在槽边周圈设置排水沟，将槽内明水、积水沿排水沟汇至降水井，然后排出基坑。

1.10.2 防止沉降措施

（1）为防止因基槽降水和基坑开挖而使周边建筑物发生沉降或变形，在周边设置水泥搅拌围护桩作为止水帷幕，在南侧以及围堤道一侧设置灌注桩作为围护桩。

（2）在槽外每间隔30m设一口观察井，随时观测井内水位；在临近的建筑物上设立标志，有专人定期进行沉降观测，发现异常情况及时上报，立即停止降水或基坑开挖，采取加固补救措施。

1.11 地下管线、地上设施、周围建筑物保护措施

因本工程地处××市二环线河堤道与东山路交口处，处于交通要道，且地下管网错综复杂，为保障附近居民生活及企事业的正常运营，在施工的整个过程中，不得拆改及损坏地下管网。地上设施及周围建筑物要做好防护。

（1）事先与电力、供热、排水等部门取得联系，熟知该工程附近的地下管网图，并做好标记，不得擅自拆改；如遇与施工相冲突处，通过甲方与相关部门洽商解决。

（2）在拟建建筑物周围设置封闭水泥搅拌桩做为止水帷幕；在建筑物南侧以及围堤道一侧管网复杂处设置灌注桩作为围护桩。

（3）定期对周边建筑物进行沉降观测，防止其发生较大的变形，当发现异常情况时，及时采取措施加固补救。

1.12 主体结构主要施工方法或方案和施工措施

1.12.1 施工工艺流程

（首层）柱筋绑扎→柱支模→柱混凝土浇筑→梁、楼板支模→梁、板钢筋绑扎→梁、板混凝土浇筑→进入下一层循环→墙体砌筑→屋面工程→装饰装修工程

1.12.2 主要分部工程施工方法

（1）垂直运输

在基础及主体工程施工期间，现场共布置1台塔吊，布置在会所西侧。

塔吊在施工中的上、下联系采用吹哨和对讲机配合来完成。所有司机和指挥人员必须经过培训，且有操作证和上岗证。禁止违章指挥，违章操作。

(2) 钢筋工程

入场钢筋实行双控，由供货方提供合格材质单，经复试合格后方可下料制作，钢筋加工采用机制，并全部在现场加工。由于本工程柱多为异型柱，钢筋需加工的种类较多，在钢筋加工时，对钢筋的下料单要严格进行审查，防止出现批量废品，并保证混凝土浇筑时保护层的厚度和截面尺寸。柱纵向钢筋的接头全部采用焊接接头，其他受力钢筋优先采用机械连接和焊接。对焊接接头严格按照规定进行取样、送检，合格后方可进行混凝土浇筑。

1) 工艺过程控制：

(a) 熟悉图纸，详读施工图说明及设计变更，组织对分包商队伍技术负责人和钢筋工负责人进行技术交底。

(b) 由技术人员按图纸进行抽筋，经核对无误后编写配料单，标明钢筋级别、类型、层次、下料长度，图样细部尺寸并编号。

(c) 由钢筋工按配料单断取加工各种样筋，由技术人员进行逐一核对，符合配料单尺寸要求后才允许批量加工。下料时要考虑各种钢筋加工的先后顺序，下料后钢筋要分类码放，做好标识牌。钢筋码放也要满足使用时的先后顺序。对批量加工的钢筋，要按百分率取样检测。

(d) 施工层放线后，由技术人员按图纸将各钢筋区段内的钢筋对照配料单编号标于相应位置，经管理方技术人员核对无误后，按钢筋间距进行划分标定，钢筋就位时要对号入座。同时将柱位置做精确标定，要求既要弹轴线，又要弹保护层边线。

(e) 钢筋绑扎后由技术人员按图纸和规范进行全位复核，满足要求后才可进行下一步工序。

(f) 钢筋标高控制：梁、板筋下皮标高由模板标高控制，梁、板筋上皮标高则由标高控制点引测，拉线进行控制。

(g) 保护层垫块，用高标号水泥砂浆提前制作，使用时要具有一定的强度，其厚度要满足规范要求。楼板下筋垫块按梅花形布置，间隔为1m。柱筋保护层垫块制作时要预埋扎丝，使用时绑在柱筋外侧。

(h) 楼板盖筋支撑，要间隔1m按梅花形布置，型式为"几"，严格按尺寸制作，绑扎时，支撑要绑在上下筋之间，不要支在模板上。

(i) 钢筋绑扎施工中要特别注意不要磕碰损坏橡胶止水带。

2) 主要技术要求：

(a) 柱筋向上延伸时，要对柱轴心进行核对，采取相应稳固措施，保证柱筋垂直度及截面形状。

(b) 钢筋表面要洁净，无损伤，油渍，铁锈，灰浆要在使用前清除，局部曲折的钢筋要调直。带有颗粒状或片状老锈的钢筋不允许使用。

(c) 梁和柱的箍筋要与受力钢筋垂直设置，箍筋弯钩叠合处要沿受力钢筋方向错开设置。

(d) 当受力钢筋采用搭接时，接头要错开，从任一接头中心至搭接长度的1.3倍区段范围内，有绑扎接头的受力钢筋截面面积占受力钢筋总截面面积的百分率为：受拉区不得超过25%，受压区不得超过50%。

（e）钢筋锚固长度应严格按照设计要求进行施工。

（3）模板工程

本工程采用以钢模为主，木模板为辅，钢木模相结合的支设方案。梁板符合模数处使用钢模板，不合模数处使用木模尽量做到合理使用，降低木材的消耗。对模板的使用进行详细的计算，减少过多的拼凑，并在前两层施工时进行严格控制，为以后拼装奠定基础，从而保证混凝土浇筑后构件的截面尺寸。

1）工艺过程控制：

（a）钢脚手架立必须稳定牢固，特别是地下室墙体的支固，抄在立管上的标高控制点必须准确，标高控制点确定后，立管严禁调动。

（b）支柱模时同一轴线要拉通线，柱模立好后，要在两个方向进行垂吊，保证其垂直度，然后才能将柱模固定。

（c）柱模支护时，距离柱根 10cm 加第一道环箍，以上每隔 1.2m 加一道环箍。对层高较高的要在距柱两端 300mm、中间间隔 500mm 处的模板之间加对拉钢片（一次性），防止涨模。

（d）为保证楼梯模板几何尺寸的准确性，楼梯模板施工前，根据实际层高放样，先安装平台梁再装楼梯底模板，然后安装楼梯外帮侧模，先在其内侧弹出底板厚度线，用套板画出踏步侧板位置线，钉好固定踏板的挡档，在现场安装侧板。

（e）无论钢模，还是定型木模，都要加强保养与维修，此项工作要有专人负责。

（f）标高控制：主体模板安装时，标高按 50 线进行控制，用水准仪抄测控制点，然后拉线由模板工调整。

（g）模板支好后，由质量员对其标高、几何尺寸、严密性，牢固性等进行检查。

（h）混凝土浇筑前，要有专门人员进行全面检查验收，确认满足技术和质量要求后才可进行下部施工。

2）主要技术要求：

（a）为保证各项尺寸达到设计要求，沿各方向都要调整其角度、长度，并进行标高控制，以保证构件尺寸，经调整准确无误后再进行下一道工序施工。

（b）模板支设时，要严格控制截面尺寸和标高误差，以满足规范要求。

（c）节点处模板的衔接要有利于模板的拆除，符合先拆侧模再拆底模的先后顺序。

（d）地下室墙体、柱模支设前要将底部碎石灰浆等杂物清理干净，防止柱子烂根。

（e）各种构件混凝土浇筑以后，经养护，混凝土达到拆模强度后，拆模工作立即进行，以利模板的周转使用。拆除顺序为：先拆除非承重部分，后拆除承重部分。拆除梁模板时，尤其是跨度较大的梁底模的支撑时，从跨中开始，分别拆向两端。拆摸时要注意混凝土成品保护。

（4）混凝土工程

本工程全部使用商品混凝土浇筑。商品混凝土在使用前要及时向搅拌站索要材质证书、配比单，并在现场严格控制混凝土塌落度。施工过程中严禁随意向混凝土中加水、加浆改变配合比。为保证混凝土施工顺利进行，保证混凝土施工质量，提前做好施工前的各项准备工作，对泵车和振捣棒等机械设备及机械零件进行检修，确保施工中正常运转，对操作人员检修技术交底和技术培训，内容包括：施工方案、振捣棒操作规程、有关技术质量标准及保证措施，各项责任落实到每一管理和施工操作人员。

1）混凝土浇筑顺序：

地下室→主体梁、板柱→楼梯（循环）

2）混凝土工程施工要求：

（a）混凝土浇筑前，要清除模板内杂物，提前洒水湿润模板，对缝隙加以嵌塞，检查预埋件、插筋、预留洞是否遗漏，位置是否准确无误。浇筑时注意模板、钢筋、预埋件、预留洞等有无移动变形现象。

（b）混凝土运至浇筑地点，应符合浇筑时规定的塌落度，当有离析现象时，退回搅拌站，不得使用。每一台班由实验员负责抽测二次混凝土塌落度，并做好记录。

（c）梁、柱结点钢筋较密，要精心下料，精心振捣密实，此部为受力关键部位，务必振捣密实。

（d）混凝土浇筑施工过程中设专人负责振捣，避免出现漏振现象，柱子应分层浇筑、分层振捣，每层混凝土浇筑厚度不超过500mm，楼板浇筑完毕挂标高控制线，设专人负责混凝土面的找平和搓面工作。

（e）混凝土浇筑过程应连续进行，如因混凝土供应问题、停电等意外原因造成混凝土不能连续浇筑，则应按施工验收规范有关要求在安全部位留设垂直施工缝，继续浇筑前应对施工缝进行处理。

（f）混凝土浇筑后，初凝前对预埋插筋位置进行复查，如有移位应及时调整。

（g）预留洞、套管位置的控制。

预留洞和预埋套管在钢筋绑扎前，将其位置、大小标注在模板上，钢筋绑扎时将套管和预制孔洞模型与钢筋进行固定，确保预留洞和套管位置、不产生偏移。

（h）按规定组数留好试块。进行养护。

（i）混凝土应振捣密实，并要做好振捣标识记录，以免漏振。

（j）拆模时混凝土要达到规范规定的强度标准，拆模方法为逆施法，拆模时既要保护混凝土棱角，又要防止毁坏模板。

（k）混凝土养护：柱采用养护液养护，满刷两遍，梁板采用浇水养护，且表面加盖草帘或塑料布一道。

（l）施工完毕后由专业工长填写混凝土施工记录交资料员存档。

（5）屋面防水

1）施工前的准备工作：

（a）在屋面工程施工前所有出屋面的设备、构件等要提前做完，为屋面工程留出工作面，以便施工。

（b）准备好施工中所用的机具，以及塑料布、彩条布等防雨材料。

（c）在屋面上放出轴线，在轴线上用砖砌成垛作为标桩。每根标桩间距不大于1.5m。将该点各层的标高标在标桩上，以备各层施工时使用。

（d）将屋面的施工面清理干净，去除杂物、灰土、积水等物，以备使用。

2）施工步骤：

（a）施工工艺流程：本工程屋面为非上人屋面，做法为：

水泥陶粒找坡层→水泥聚苯板保温层60mm厚→20mm厚1∶2.5水泥砂浆找平层→SBS

改性沥青卷材防水层→刷着色涂料保护层。

（b）施工工艺：

a）铺设水泥陶粒找坡层：

陶粒应先经过筛分，其粒径要小于 40mm。使用前应浇水闷透，时间不得小于 5 天。水泥:陶粒按1:6的比例拌合均匀，使其具有一定的合易性且不泌水。

在屋面上立标桩，标桩之间拉线找出坡度，坡度为 2%，最薄处为零。施工时用铁锹铲平，木杠蹲实，并用平板振捣器振实。表面用木抹子搓平。

炉渣找坡层铺设后应禁止施工人员踩踏，养护 2~3 天，充分去除其中潮气。

b）水泥聚苯板保温层施工：

在铺设水泥聚苯板保温层前，要先将找坡层表面清理干净，并保持表面的干燥。本工程采用 60mm 厚水泥聚苯板保温层。铺设板材时应从分格缝处开始铺设。水泥聚苯板保温层铺设之后立即抹找平层，使之形成整体防止雨淋受潮。

c）水泥砂浆找平层施工：

找平层为 1:2.5 水泥砂浆 2cm 厚。在与保温层相应的位置留设分格缝。

找平层的施工应严格控制标高，要拉线找出泛水。找平层应避免雨期施工，在施工前应密切关注气象动态，选择晴朗的天气施工。找平层施工后 12 小时应浇少量水养护以防起砂。在与突出屋面的构筑物交接处，找平层应随着构筑物卷起 300mm，在交接阴角处做成半径为 150mm 的圆弧，并用铁抹子压实赶光。

d）卷材防水层的施工：

本工程采用 SBS 改性沥青柔性防水材料作为防水层。

施工前应将基层表面清理干净、干燥，潮湿的地方用喷灯烘干，基层表面应事先浇水养护以防起砂。

卷材铺贴时应在雨水口、突出屋面的部分加铺一层卷材。在雨水口处卷材应伸入雨水口 150mm，附加层面积应从雨水口边缘起 300mm。在突出屋面部分附加层应卷起 250mm，且附加层宽度为 800mm，在分格缝处加铺一层 300mm 宽的卷材，一边与基层粘牢，一边干铺。

铺卷材应按标高由低到高铺贴，由于本工程屋面坡度为 2%，属于平屋面，因此防水卷材应平行于分水岭方向铺贴。

卷材铺贴时，为保证卷材的搭接宽度和铺贴顺直，铺贴卷材时应在基层上弹出标

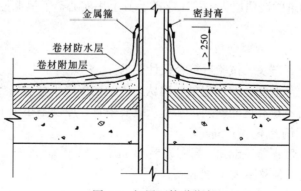

图 5-3　初屋面管道节点

线。卷材铺贴要求满涂沥青胶结材料，且长边搭接不小于70mm，短边搭接宽度不小于100mm。

用油壶将沥青胶结材料左右来回在油毡前涂刷，其宽度比油毡每边少约10mm。铺贴时两手按住油毡，均匀用力向前推滚，使油毡与下一层紧密粘贴。同时将油毡边挤出的胶结材料刮去，并将毡边压紧粘住，刮平，赶出气泡。

待油毡铺完后，如在其上发现有粘贴不牢或有气泡现象，可用小刀将局部油毡划开，用胶结材料贴紧，赶平，最后再在上面加贴一块油毡将缝盖住。

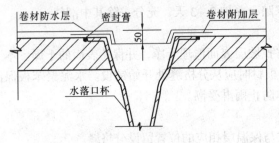

图5-4　水落口节点

(b) 在框架柱上剔除拉结筋。

(c) 根据各层控制线，按照图纸弹出各道墙的边线，要求弹双线。

(d) 根据放线位置在丁字墙和十字墙的转角处及交汇处设构造柱，上与梁筋连接，下与板筋连接。

(e) 砌筑前对所用砖、砌块充分浇水湿润。

2）施工操作工艺

(a) 根据墙线及排砖图摆底摆缝，抄平后立皮数杆。

(b) 构造柱、圈过梁主筋为Ⅱ级钢筋，箍筋为Ⅰ级钢筋。门、窗洞加设钢筋混凝土过梁。

(c) 门口全部浇筑混凝土门套。

(d) 按照水暖队所出图纸在厕所、浴室、厨房等房间走明管的墙上，有管卡的位置、标高处砌筑实心砖墙。

(e) 按照电工队、消防工程公司出示的图纸准确留置电闸箱及消火栓的洞口。对于$L>300$mm的洞口，加设钢筋砖过梁。

(f) 对于所有砌筑的墙顶层为一排丁字砖，其上用实心砖、砂浆立向背紧、背严，角度宜为60°。

3）质量要求

(a) 砌筑砂浆留置试块，试验后符合设计要求。

(b) 认真做好沉降观测，并作记录。确认立体结构沉降平稳后，再进行砌筑工程。

(c) 墙体砌筑后不得有透光缺陷，水平灰缝要平直，厚度不小于10mm。

(d) 墙体垂直度偏差不小于5mm。

(e) 门窗洞口宽度误差±5mm，高度误差±5mm。

(f) 外墙上下窗口偏移不大于20mm。

(g) 预埋件作隐检，符合规范要求。

e) 刷着色涂料保护层

本工程为非上人屋面，为涂料保护层。防水层施工完毕后，立即涂刷涂料保护层，防止防水层被破坏。

(6) 砌体工程

1）施工前准备：

(a) 根据各层建筑平面图、砌块尺寸绘制各墙段砌体的排砖图。

（h）完成砌筑工程后，做好自检、互检、交接检记录，并做好成品保护工作。

1.13 主体结构质量保证措施

为了保证工程质量和施工的顺利进行，同时配合好甲方、监理，我们建立了一套完善的质量管理体系。

1.13.1 针对该工程体量大、工期紧、质量标准要求高的特点，项目经理部坚持走质量效益之路，贯彻执行 ISO 9001《质量管理体系要求》，树立牢固的质量意识、创优意识和问题改进意识

质量意识：在组织项目施工的全过程中正确协调处理好质量、工期和效益三者之间的关系，在工期紧的情况下坚持以质量为首求速度、求效益的正确指导思想。

创优意识：在组织施工中坚持质量的高标准严要求，保证质量上水平，工程质量达到计划预定标准。

问题改进意识：在施工中进行技术经济分析找出质量缺陷，按照 PDCA 循环的工作程序，分析原因并研究改进方法，推动质量水平的不断上升。

在项目经理部坚决贯彻 ISO 9001 质量管理体系要求，以程序化的文件管理指导控制施工过程及工艺标准，严格贯彻实施公司的质量方针和质量目标。

1.13.2 建立健全质量管理组织及制度

（1）建立项目工程质量管理组织：

为实现项目工程质量目标，组建以项目经理为核心，由十四岗成员及分包单位负责人共同组成的质量管理组，按程序文件要求制定各级各岗管理人员的职能和职责。

针对质量管理方面主要是项目经理职责、项目工程师职责、项目工长职责、项目质量员职责。

（2）制定各项质量管理制度：

1）标准化施工管理制度：以设计图纸、国家施工验收规范、工艺操作标准进行标准化施工。

2）质量检验评定制度：每道工序完工后，对质量优劣进行检验评定，进行统一的工序验收。

3）计量管理制度：严格执行计量管理规程，保证工程质量。

4）设备现场管理制度：保证设备正常运转，为施工创造有利条件。

5）质量成本管理制度：保质量、降成本，提高经济效益。

6）项目会议制度：每天召开工程会议，对工程质量进行研究，制定改进措施。

7）档案管理制度：对各项质保资料、施工记录、技术、生产资料进行归档统一管理，以备查据。

1.13.3 质量保证措施

（1）把好原材料关，按国标或部标控制进场原材料质量，不使用无合格证或复试不合格原材料，对材料进行合理存放。

（2）搞好技术培训和技术交底工作，针对技术素质偏低的施工人员，在施工前组织施工人员进行技术规范标准、施工方案的学习，进行逐级技术交底。

（3）以样板引路，对关键特殊工序进行重点部位的特殊控制，在施工过程中，以认定

的实物样板作为分项工程的活标准。

（4）对重点必控工序，质量疑难问题分步进行分析研究，在关键环节设立质量管理点，制定内控指标及相应的技术质量措施的方案。

（5）成立基层 QC 小组，针对施工中出现的问题设立课题，开展活动。

（6）严格工序控制，以质量预控为主，贯彻执行质量否决权，提高工序一次验收的合格率。

1.14 采用新技术、新工艺、专利技术

为全面提高工程质量，加强对新技术的推广和应用，结合设计图纸并针对该工程的特点，本工程共应用了以下新技术。

1.14.1 竹胶模板

（1）竹胶模板强度高、韧性好，易加工、幅面宽拼缝少。

（2）支模时整体性好、支拆速度快。

（3）易脱模，而且拆模后混凝土表观质量高，施工后的混凝土表面平整光滑，为免抹灰作业创造良好条件，可大大缩短装饰工程的工期。

1.14.2 新型防水材料

地下室底板及外墙、屋面采用 SBS 改性沥青防水卷材，提高防水性能，降低施工成本。

1.15 各种管道、线路等非主体结构质量保证措施

质量目标：合格率 100%，优良率 60%。

1.15.1 组织措施

按 GB/T 19002—ISO 9002 标准模式进行项目管理，建立质量保证体系，实行目标管理，编制《项目质量计划》将质量目标分解落实到人，坚持自检、互检、交接检"三检制度"的优良传统，完善质量管理办法。保证质量体系运行正常，与各班组长签订质量达标书，做到奖罚分明。

1.15.2 重点施工的过程控制措施

（1）技术交底：使参加的施工人员了解所担负的施工任务和设计意图，施工特点，技术要点，质量标准，应用的新技术、交底的主要内容，以及设计图纸，施工规范，工艺和质量检验标准为依据，编制技术交底单，突出重点。

（2）隐蔽工程验收：凡是被下道工序掩盖无法进行质量检验的工序工程，由班组长进行隐检，填写验收报告单交专职质检员验收，及时向监理提供隐检报告。

（3）加强原材料进场验收，所有物资的采购必须从"合格物资供应商名册"中选择，在特殊情况下（设计要求、甲方要求、"合格物资供应商名册"中没有的），在合格物资供应商之外的供应商处采购时，由项目部评价后及时报经营部确认后方可采购。所有材料进场均有合格证，严格工地材料进场质量制度，做到不合格的产品不进场，不符合质量标准的设备不选不装。

（4）认真推行质量管理，严格班前布置工作，下班总结时及时解决施工中存在的问题，把质量通病消灭在施工过程中，做到防患于未然。

1.16 各工序的协调措施

1.16.1 在土建施工过程中，本着先地下后地上、先主体后装修、先外檐后内檐的原则进行施工。

1.16.2 在施工过程中，合理安排劳动力，做到不停工不窝工。

1.16.3 在土建施工过程中，穿插水、暖、电的施工。

1.16.4 设备安装工程所需预留孔洞及预埋套管、铁件施工前，应与结构施工人员及时联系沟通，边施工边预留，避免事后乱剔凿。

1.16.5 协调好施工中各施工队、各工种之间，资源与时间之间，各项资源之间的关系，合理安排施工，使工程有组织、有计划、有秩序地进行。

1.17 冬、雨期施工措施

冬期施工措施

当连续 5 天日平均气温低于 5℃ 时，表明施工已进入冬期施工。进入冬期施工以后，为确保工程施工质量，要做好以下工作。

（1）在施工层主体外檐架子上苫盖彩条布对主体进行全部封闭严密，做到挡风御寒。

（2）对生活和施工用水做好保温和防冻工作，现场的自来水管线埋入地下 60cm，露出地面部分用保温材料进行保温。

（3）冬期施工前工长、计量员、质量员、抽样员、施工队负责人等有关施工人员必须了解、熟悉、掌握冬期措施，其内容包括：冬期施工方案、操作规程、施工验收规范、外加剂的使用、测温及质量要求等。

（4）施工材料准备：塑料布，彩条布，岩棉被，温度计。

（5）混凝土浇筑前将模板内的积雪冻块清除干净。

（6）混凝土运至现场应及时组织浇筑，防止混凝土温度损失；混凝土入模温度不低于 5℃，应逐车测试。

（7）施工缝处理：在接茬前应先将水泥浆膜和松动的石子凿掉、扫净，用热水加热接茬处，钢筋不得粘有冰雪。

（8）混凝土浇筑为随振捣随苫盖，梁板表面覆盖一层塑料布、一层岩棉被，岩棉被应覆盖均匀不得有漏盖现象。

（9）当柱、墙等竖向构件模板拆除后，用塑料布包裹、围护起保温、保湿作用。

（10）安排专人接收天气预报，绘制气温曲线图，了解天气的变化情况，如遇气温突降，应及时采取有效的保温、加温养护措施。如遇雪天及时在岩棉被上加盖一层塑料布，防止雪水渗入岩棉被，降低混凝土养护温度。

施工期间没有雨期，故不考虑雨期措施。

1.18 施工安全保证措施

安全工作关系到能否顺利完成工程项目的施工，是我们常抓不懈的工作，特制定以下安全保证措施：

1.18.1 建立以项目经理为首，由项目工长、项目安全员及各分包单位负责人组成的安全工作领导小组，负责工程项目的安全管理工作，贯彻落实部颁标准有关内容。

1.18.2 项目工长根据项目阶段性目标制定相应的安全技术措施并负责组织实施，由专职安全员负责检查安全措施的实施情况、纠正违章操作、排除存在的安全事故隐患并有责任向领导小组反映存在的安全问题。

1.18.3 建立小组成员轮流值班制度、定期会议制度、定期检查制度。定期对现场安全工作进行全面检查，并召开安全工作会议，参加人：领导小组成员、各专业工长、设备管理员、现场管理员、分包单位安全员。制定措施，解决检查中发现的问题。

1.18.4 加强安全宣传教育工作，在现场内设立长期醒目的有关安全内容的宣传标志。

1.18.5 各级工程技术人员、施工管理人员、各工种操作人员应坚决贯彻安全技术管理法规、操作规程、安全制度、严格岗位责任制，禁止违章指挥、违章操作。

1.18.6 在与分包单位签订工程项目承包合同的同时签订安全合同，并由分包单位提交安全生产措施。

1.18.7 进入施工现场的所有人员必须正确佩戴安全帽，严禁穿拖鞋、高跟鞋和赤脚高跟鞋和赤脚进入现场，并要应正确佩带使用安全防护用品。

1.18.8 参加施工的所有人员必须经过三级安全教育，熟悉本专业、本工种本岗位的安全管理知识和操作规程。在施工操作前，工长、专职安全员必须向施工队工作人员进行安全技术交底，施工中做到三不伤害。

1.18.9 架子工、电工、电气焊工及各种大型设备司机、塔吊信号员等特种工必须经过安全培训，考试合格后方可独立操作，严禁无证上岗。

1.18.10 按时对施工所用模板支撑、脚手架、机械设备、电气设备、手使工具等进行安全检查，发现不符合安全要求的应及时解决。

1.18.11 施工现场的脚手架、防护设施、安全标志、警告牌、电气工具、机械设备不准擅自拆卸，需经现场管理员、安全员和主管工长同意后统一调配。

1.18.12 现场室外地埋电缆必须用铠装电缆，埋设深度不小于 0.6m，在电缆上下铺砂盖砖做硬质保护层，并在上方设置醒目标志。安置各种机械设备必须符合安全规范要求，电动机具及其他电气设备安装使用应做到"三级配电两级保护"及"一机一闸一箱一漏保"，电箱应采用标准定型电箱。楼内竖向送电时必须采用电缆埋地引入，利用工程孔洞、竖井，固定点每楼层不少于一处，水平铺设距地不小于 1.8m。

1.18.13 各种施工机械设备应定期检修，不得带病运转和超负荷运转，发现异常必须停机，由专业人员修理。

1.18.14 高空工作人员衣着灵便，系安全带，严禁高空抛物，按照安全规范搭设防护栏，支设安全网，以防高空坠物伤人。

1.18.15 严格执行消防安全法规及安全保卫管理制度，设专职安全保卫员负责工地消防保卫工作，夜间安排值班人员负责夜间工地安全防火工作，现场配置充足的消防器材设施，不准随意动用，并定期检查是否失效。对于氧气、乙炔气等易燃品进行单独安全存放，专人使用保管。

1.18.16 夜间施工现场配备充足的照明设施，以保证夜间施工安全。临建区及民工住宿照明灯具均采用 36V 低压照明设施。

1.18.17 做好四口及临边防护工作。基础施工挖槽后，槽边搭设护栏。主体工程拆模后及时按规定搭设防护栏杆，室外爬梯马道除设护栏、扶手外还应挂设安全网封闭防护。每层电梯口处安放用钢筋焊制的防护门。

1.19 现场文明施工措施

1.19.1 管理宗旨

几年来市场竞争给了我们深刻的启示，施工现场的环境面貌是展示建筑企业管理水平、综合素质的"窗口"；是市场信誉、社会形象的"活广告"，也是企业创造经济效益，强化管理的落脚点。所以，加强施工现场管理，提高工程建设综合管理水平，确保工程质量、文明施工和安全生产等目标，以争创精神文明窗口，是我们永远不变的主题。

公司以坚持运行 ISO 9000 质量管理体系为管理方法，深化质量监督和项目的动态管理，制定出安全生产为保证；文明施工创信誉的管理模式，动静相结合的管理模式使项目管理驶入现代化科学管理快车道。

1.19.2 文明施工目标

严格执行 JGJ 59—99 标准，运用 ISO 9000 质量管理体系使施工管理规范化、标准化，内强素质，外树形象，建造满意工程，播洒文明新风，争创市级文明施工工地。

1.19.3 运行中的管理工作

(1) 管理层保证机制

1) 实行分工、分项、分区域管理责任制，发展合作互助原则。

2) 各责任工长分工明确，各尽其责在管理好自己分项工作前提下，与其他工长密切配合，互相监督。

3) 各责任工长需有计划、有步骤的安排日常工作，在保证进度的前提下，严把质量关，对施工层严格要求督促生产。

4) 在施工前应编制周密完整的技术交底、安全交底，教育及制定严格的奖惩制度。

5) 各责任工长应做好各个工序的交接工作，以便创造良好的施工条件。

(2) 对专业施工队及专项施工队

1) 专业队在施工过程中必须按图纸、方案、规则制度进行管理约束。

2) 各专业队之间须配合密切，防止出现各工序之间的冲突，生产区、生活区均各负其责清理卫生。

3) 对专项工作必须随时检查，有问题提前解决，发现隐患及时清除。

4) 各个施工队各自负责自己的生产区域。谁的区域谁负责，认真做到"活完料净，及时清理"制。

5) 凡进场施工队须对施工的生活区、生产区进行轮流值日，自觉履行义务。

6) 凡完成一道工序，须清理彻底，否则下道工序责任人不予接收。

1.19.4 基础设施部署

(1) 行政办公区域布置：

1) 保卫、消防设施

在施工现场入口设置值班室，专人负责，24 小时值班，负责防火、防盗工作。在电器设备区、杂料区、仓库区、易燃材料区、办公室、宿舍、现场等部位设置一定数量的灭火器、消防水桶，待主体落成后，每层设置灭火器、消防水桶及接通消防水源。与施工单位签定防火责任书、安全合同并要求工人具备"三证"。

2）现场宣传栏及标语布置

在进入现场醒目处布置施工总平面图、工程概况、管理系统网络图等五图 牌。

3）围墙及出入门布置

按 JGJ 59—99 规定，在工程四周砌筑实体围墙，抹水泥砂浆，刷白涂料，以备做宣传标语。

出入门制成分格铁栅门，上有明显的企业标志、门垛上设照明球灯。在门口设置冲车设施，并有相关的排水系统，温暖季节有绿化布置。

4）现场卫生管理、急救措施

施工项目办公室内设置搭设急救药箱，备有急救药品，设专人管理，定期由保健站同志指导、培训相关知识。

（2）生活区域布置：

1）施工人员宿舍

应搭设牢固，有良好的通风、防蚊蝇设施，有采暖和防煤气中毒措施的牢固宿舍；当顶棚距地不足 2.4m 时，应采用安全电压 36V 供电，并设宿舍卫生管理条例，由专人清扫、做卫生；被褥叠放整齐，确保室内卫生整洁。在建工程不能兼做宿舍。

2）食堂

统一设置、灶台贴瓷砖，立面墙距灶台 50cm 全部瓷砖，为确保蓝天环保工程，食堂一律采用液化气，且设置排气扇，照明灯采用防潮防爆型。实行一机一闸一漏一箱的用电管理。厨房人员应持有卫生健康证方能上岗操作。操作间、储藏间分设，并做好食堂内的上下水系统。

3）生活垃圾管理

生活垃圾及时清理，装入垃圾箱内，有专人管理。

4）文化娱乐

生活区内给工人设置学习、娱乐场所，建立治安保卫制度，责任到人。

（3）生产区域布置：

安全设施布置：基础阶段：在槽边四周搭设刷有红、白油漆的防护栏杆；悬挂安全宣传牌，封密目安全网。主体阶段：做好"三保""四口"，避免四大伤害事故的发生。

1.20 施工现场环保措施

1.20.1 现场道路

现场内道路全部是平整的混凝土硬地面，并找好泛水，以路面不积水为原则，做相关的排水系统。设专人清扫道路，确保环境卫生。

1.20.2 施工现场厕所的设置及管理

施工现场内设置冲水式临时厕所，厕所每日应有专人负责清理，早晚各一次，并且每周定期清毒不得少于 2 次，设置化粪井，不能不经化粪井直接排入管网内。

1.20.3 现场吸烟饮水设施

为确保施工安全，特设吸烟区，在施工现场一处，搭设一间吸烟、饮水处，内设装饮用水的保温水桶。消防水桶，座位，制定吸烟管理制度，由专人负责管理，避免火灾故事的发生。

1.20.4　材料堆放区

建筑材料、构件、料具按总平面布局堆放，料堆需悬挂标有名称、规格的标牌，堆放整齐，建筑垃圾也应堆放整齐，悬挂标有名称、品种的标牌。

1.20.5　易燃易爆物品要分类存放，严格按安全要求设置仓库，有专人负责，并建立领用、存放制度。

1.20.6　建立施工不扰学校正常教学、生活措施，夜间未经许可不准施工。要有防粉尘、防噪声的措施，确保政府蓝天环保工程的顺利实施。具体做法是：

（1）在基础施工阶段，搭设围挡，防止噪声污染并保证安全。

（2）建立施工不扰学校正常教学生活的措施、规章制度，责任到人。

教育职工树立以人为本、服务人民、造福于人民的宗旨。夜间施工时轻拿轻放，尽量调整夜间卸料时间，有专人负责。晚11时至早6时不得施工，若浇筑混凝土需连续施工时，则到建委施工处办理施工证。

（3）施工现场内主干道路做混凝土路面，余下部分待基础还完槽后，铺石硝，保证现场内不见黄土，有风天气不扬尘土。

（4）主体施工阶段，在建筑物四周搭设脚手架，并挂密目式安全网。

1.21　施工现场维护措施

（1）本工程开工前在现场周围砌筑封闭式实体砖墙做为围墙，以防止现场沙尘污染道路。

（2）同时对在现场散放的材料（如砂石等）用密目网进行苦盖避免扬尘。

（3）基槽开挖后，槽边与集水井之间用钢管搭设防护栏，并在钢管上刷涂红白油漆间隔的警示标志。

（4）主体施工时，主体四周搭设脚手架，并封闭密目安全网。

（5）现场所摆放机械设备，均搭设防砸棚，并佩戴安全防护措施。

1.22　工程交验后服务措施

工程竣工并验收后，向甲方交付使用。我公司承建的工程均实行保修制度，按合同条款履行保修承诺。

（1）对于顾客无质量维修要求的，有项目部针对工程保修范围，在工程交付或验收合格之日起两年内，每年在雨季前（五、六月）派专人检查屋面防水、制冷及其他质量情况，在冬季采暖期之前（十一月份）检查暖通设备及其他质量情况。

（2）对于在保修期内的验收合格或已交付工程，顾客通过书面、来人、电话等反映的质量问题，接到投诉后，属一般工程质量问题的，项目部于三日内向顾客答复，在十日内与顾客共同明确责任，商议回修内容，并由项目部制定回修方案，组织回修；属重大工程质量问题，通报公司技术质量部，由技术质量部组织制定回修方案，总工程师确认，项目部组织回修。

课题2 标后施工组织设计案例（混合结构工程）

2.1 工 程 概 况

2.1.1 工程特点

本工程为××市某区中学教学楼，系改建项目。由该市市教委投资，设计为该市高校联合建筑设计院，施工单位为该区房屋建筑工程公司，由该市××建设监理公司监理。工程造价为5847310元。开工日期为××年4月1日，竣工日期为××年8月30日，工期5个月，日历工期152天。

本工程建筑面积为8110m²，长114.8m，宽19.04m。中间部分6层，高26.03m，首层为门厅，其余各层分别为行政办公室、教研室、教务处和部分教室。两侧为5层，高22.10m，均为普通教室和实验室，标准层层高4.15m。在楼的中部和两侧设置4部双跑楼梯，每层都设有男、女卫生间。室内设计地坪±0.000相当于大沽水平3.21m，室内外高差0.60m，本工程的平、立面示意图如图5-5所示。

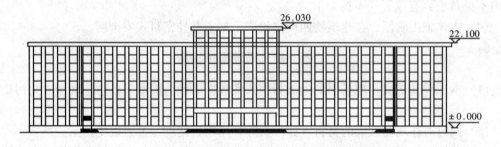

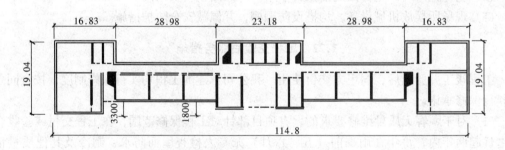

图5-5 某中学教学楼平面、立面图

本工程承重结构除中间门厅部分为现浇钢筋混凝土半框架外，其余皆为混合结构。因该教学楼平面长度较大，故在中间和东、西两侧连接部位各设一道伸缩缝。该工程所在地区土质较差，根据设计要求在天然地基上垫700mm厚的石屑，然后铺100mm厚的C10混凝土垫层，其上做400mm厚的C15钢筋混凝土基础板，以上为MU10黏土砖，M10水泥砂浆条形砖基础。上部结构系承重墙承重，预制钢筋混凝土空心楼板（卫生间及实验室局部为现浇钢筋混凝土楼板），大梁及楼梯均为钢筋混浇土现浇结构。该教学楼按抗震设防要求，每层设圈梁一道，圈梁上皮为楼板下皮，在内外墙交接处及外墙转角处均设钢筋混凝土构造柱。屋面为卷材柔性防水做法，根据地方建筑主管部门的要求，卷材采用改性沥青油毡，用专用粘结涂料冷铺法铺设。

本工程各层教室及办公室为一般的水泥砂浆地面，门厅采用无釉防滑陶瓷地砖，走廊、卫生间等为水磨石地面，化学实验室采用陶瓷锦砖地面。内墙墙面及顶面增为普通抹灰，表面喷涂乳胶漆涂料。所有的教室及实验室、办公室均有1.4m高的水泥墙裙，其上刷涂油漆。室外墙面除首层为彩色水刷石外，窗间墙抹水泥砂浆刷外墙涂料，其余为清水砖墙。

室内采暖系统与原有地下采暖管道连接。实验室设局部通风。电气设备除一般照明系统外，各教室暗敷电视电缆，并在指定部位设闭路教学电视吊装予埋件，物理实验室内设动力用电线路。

2.1.2 地区特征和施工条件

本工程位于市内中心区，东面为市区干道，北面为学校主办公楼及其他教学楼，南面和西面为操场，施工场地较为宽敞。根据学校要求，施工现场主要安排在该教学楼南面操场范围内。

施工现场原为旧房拆除后的场地，根据地质钻探资料，基底以下水位较高，施工时须考虑降排水措施。

该工程所在地区雨季为6~9月份，主导风向偏东。

施工所需电力、供水均可由学校原有供电、供水网中引出。

此工程为市教委计划内工程，经与施工方协商，材料和劳动力均保证满足施工需要，全部材料均由施工单位自行采购，供货渠道已落实。因主要交通道路为市内交通主干线，经与交通管理和市容管理部门协商，主要建筑材料与构件，在指定时间（××点至××点）内均可送至工地，同时为保证学校的良好教学秩序和环境卫生，现场布置尽可能简单，材料少存多运，全部预制构件均采用商品预制构件，现场不必设构件加工场。另外，因工程距施工单位基地较近，在现场可不设临时生活用房，只利用原场地西侧的待拆旧平房作为土地办公室。

2.2 施 工 方 案

2.2.1 施工总顺序

根据单栋建筑物"先地下，后地上"；"先主体，后围护"；"先结构，后装修"；"先土建，后设备"的原则，本教学楼总的施工顺序为：

基础→主体→屋面→室内装修→室外装修→水、电、暖、卫设备。

装修工程可在主体工程完工后进行，从顶层依次做下来。这样由于房屋在主体结构完工后有一定的沉陷时间，有利于保证装修工程质量，且可减少交叉作业时间，有利安全。但这种安排导致工期拖长。本工程是将室内装修提前插入和主体结构交叉施工。即二层楼面楼板安装完毕并灌缝后，底层即插入顶墙抹灰，然后由下而上依次进行。

基础完成后，立即进行回填，以确保上部结构正常施工。水、电、暖、卫工程随结构同步插入进行。

2.2.2 施工机械的选择

根据工程情况和施工条件，采用的都为常规施工机械，其中起重机械采用塔吊加井架方案。该方案采用一台塔吊，沿教学楼南侧顺长布置。根据经验可选中型 QT60 型塔吊一台（臂长 25m）。根据实际情况验算结果为：

塔吊轨道距墙面最小距离按规定须为 1.5m，轨道本身宽度 4.2m，楼最宽处为19.04m，则塔吊塔臂的起重幅度应为（19.04 - 0.3）+ 1.5 + 4.2/2 = 22.34m，选 QT60 型塔吊可以满足该工程的平面尺寸要求，同时提升高度也满足建筑物的高度要求。塔吊主要用于吊装预制钢筋混凝土圆孔板，也可吊装部分其他材料。该方案只设一台塔吊还满足不了施工高峰的需要，故还须加设井架。根据施工进度（见表5-5）可看出，施工中垂直运输量最高峰是在主体结构工程与装修工程同时进行时期，大约在第 55～60 天左右。以第 56天为例，同时进行的工序有：砌墙（第5层第2段），支模板（第5层第2段），混凝土浇筑（第5层第1段），室内抹顶灰（第二层）及捣制楼梯（第5层第7段）和砌隔断墙、洗手池及板条墙、吊顶等。根据计算每班需要的吊次为 278 次。

根据已选塔吊一台，每班吊运 120 次，故每班还剩余 278 - 120 = 158 次，需由井架完成，已知井架每班可吊运 84 次，则还需选用井架台数为 158/84 = 1.9 台，选用两台。

2.2.3 确定流水段及施工流向

（1）基础工程阶段

基础工程除机械挖土不分段外，为使工作面宽敞，同时考虑到使各分部分项工程在各施工段的劳动量基本相等，故从中间分为两个施工段。

为使人员稳定，有利于管理，砌基础的瓦工班组工人数采用与主体结构砌墙人数（80人）相同。全部砌基础需要劳动量为 623 工日，分两段施工，故每个施工段流水节拍为623/（2×80）= 3.9 天，取为 4 天。浇筑混凝土垫层、钢筋混凝土基础板、砌基础等各部分项工程按全等节拍方式组织流水作业，流水节拍均取 4 天。

（2）主体结构工程阶段

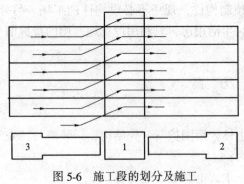

图 5-6　施工段的划分及施工
流向示意图

1）划分施工段，计算工程量及所需劳动量

由该工程建筑结构情况可知，中间 6 层部分现浇混凝土量较大，若从中间划分为对称两段施工，不利于结构的整体性，且不易满足工人班组在各层间连续施工的要求，所以决定以该建筑的缝为界划分为三段，按分别流水方式组织施工。因为中间部分为 6层，为避免流水中断，故从中间开始流水施工。施工段的划分及施工流向如图5-6所示。各主要分部分项工程量及需要的劳动量见表5-4所示。

2）确定流水节拍

根据工期要求，主体结构须在近两个月，即 50 个工作日左右完成，要使瓦工组连续施工，故主体每层施工时间应为 8～9 天，若取 8 天，如按第二层计算，则需工人数为：

$$\frac{159 + 238 + 238}{8} = 79.4 \text{人}$$

取 80 人，按技工与普工的比例为 1:1.2，取技工为 36 人，普工为 44 人。

据此，第一段砌墙的流水节拍为

$$\frac{159}{\dfrac{159 + 238 + 238}{80 \times 8} \times 80} = 2 \text{天}$$

主体结构各主要分部分项工程量及劳动量　　　　表 5-4

工序名称		工　程　量				时间定额	劳动量（工日）		
		单位	1	2	3		1	2	3
砌砖墙	一层	m^3	208	307	307	0.800	166	246	246
	二层		190	285	285	0.835	159	238	238
	三~五层		160	248	248	0.910	146	226	226
	六层		170	—	—	0.872	148		
现浇混凝土	支模板	m^3	230	232	232	0.08	1.84	1.86	1.86
	扎钢筋	t	1.84	1.95	1.95	3.00	5.5	5.85	5.85
	浇筑混凝土	m^3	25.8	26.4	26.4	1.00	25.8	26.4	26.4
安装预制楼板		块	100	270	270	0.0083	1.33	2.25	2.25
预制板灌缝		100m	3.6	5.9	5.9	1.18	4.2	7.0	2.0

同理第二段和第三段的流水节拍分别为 3 天。考虑 36 名技工同时在第一段上工作面太小，且每班需砌筑 80~100m^3 砖墙，吊装机械和灰浆搅拌机负荷过大，所以采用双班制，组成两个队（每队技工 18 人，普工 22 人），分为日、夜两班工作，每砌完一层，掉换一次。

其他各分部分项工程的流水节拍，应在保证本身合理组织的条件下，尽量缩短，为满足瓦工在各层间连续作业，砌墙以外的分部分项工程在一个施工段上施工的总时间在第一段不应大于 6 天，在第 2、3 段应不大于 5 天（即等于每层砌墙总时间减去砌墙在本段的流水节拍）故支模板为 2 天，绑扎钢筋为 1 天，浇筑混凝土为 1 天，安装预制圆孔楼板及灌缝为 1 天或 2 天，并都在第一天加班 4 小时。

主体结构工程阶段的流水进度见表 5-5。在表中可见其他分部分项工程（如支模板，扎钢筋，浇筑混凝土及安装楼板），是间断施工的，实际这些班组工人并非停歇，而是在进行主要工序以外的准备或辅助工作，如木工可在木工棚内制作木构件，钢筋工则进行钢筋的加工与配料，混凝土工可进行砂石的筛分、清洗等工作。

（3）装修工程阶段

在该阶段，按结构部位又可分为屋面工程、室内装修工程和室外装修工程等三部分。

1）屋面工程部分：以第五层和第六层分为两个施工段，按分别流水方式组织施工。

2）室内装修部分：以顶墙抹灰为主导工程，其他工序与之相协调。顶墙抹灰以一层楼为一施工段。由于工程工期紧，故采用自下而上的流向。室内装修根据进度要求约有三个月的工期，顶墙抹灰考虑占两个月左右，每层抹灰 10 天，工人数为 319/10 = 31.9 人取

32 人，第六层劳动量较少，只须 5 天。

3）室外装修工程部分：采用自上而下的施工流向。

2.2.4 施工方法

本工程为常规混合结构施工，故只对其中较重要的施工方法给予说明。

（1）基础工程。地下部分的施工顺序为：

机械挖土 →清底钎探→验槽处理→铺垫石屑→混凝土垫层→钢筋混凝土基础板→砖砌基础→混凝土基础圈梁→防潮层→暖气沟和埋地管线→回填土

本工程所在部位原有一条形二层楼，在工程准备阶段已予拆除，在挖土阶段遇原基础应先用气锤破碎，再随挖土清除。

本工程采用 W-100 型反铲挖土机由东向西，由南向北倒退开挖，最后由东部撤出。基坑底面按设计尺寸周边各留出 0.5m 宽的工作面，边坡坡度系数为 1:0.75，基坑挖土量 5016m³，回填土 2763m³，剩余土方运至市指定工程废土存放点。

考虑到地下水位较高，采用大口集水井降水，在基底东西两侧各挖一集水井，以满足施工排水问题。

基础墙内的构造柱生根在钢筋混凝土基础板的下皮，插铁要按轴线固定在模板上，防止浇筑混凝土时移位。

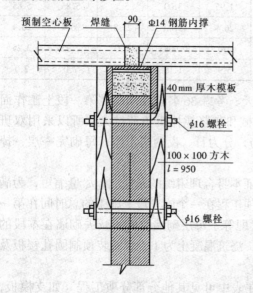

图 5-7 圈梁硬架支模构造

基槽回填土要分层进行，铺土厚度 0.4m，采用蛙式打夯机夯实。

（2）主体结构工程。主体结构工程中砌砖墙为主导工序，平均每天砌砖 88.95m³，合 4.63 万块。本工程混凝土现浇量较大，其各工种劳动力按相应的分部分项工程配备，在 5～6 天内完成梁、板、圈梁、构造柱等安装，以使瓦工能连续施工。

外墙采用双排钢管外脚手架，内墙采用里脚手。

垂直运输由一台塔吊，两台井架完成。水平运输除塔吊外，砖与砂浆采用运料车运输。

圈梁施工除外墙外侧先砌 120mm 厚砖外，其余在有圈梁处均采用硬架支模，即将预制楼根搁置在圈梁模板上，然后浇筑圈梁混凝土（图 5-7），该种圈梁施工方法，既可保证楼板与圈梁的整体性，又可缩短工期，同时还可加大圈梁和构造柱施工的工作面。

现浇混凝土构件模板均采用普通模数钢模板，不足部分采用木模板填充。

混凝土采用机械搅拌和机械振捣、辅以人工插捣，养护方法为自然养护。本工程工期较短，根据规范，大梁强度须达到设计强度的 100% 才允许拆除底模。据当地气候条件，浇筑第一层大梁混凝土时的气温为 15℃左右，故须 28 天才能拆除底模，以上各层浇筑混凝土时虽气温稍高，也须 20 天左右才能拆模，按进度计划要求仅有 13 天，故决定增加水泥用量，提高混凝土强度等级，将第一层大梁拆除底模时间缩短到混凝土浇筑后的 12 天，以使装饰工程得以提前插入。

（3）装修工程阶段

1）屋面工程：屋顶结构安装及女儿墙完成后，在屋面板上铺焦渣保温及找坡后，抹水泥砂浆找平层，待找平层含水率降至15%以下（根据当地气温条件，按经验应养护3～4天）后才可铺贴卷材。

防水层采用高聚物改性沥青防水卷材，冷粘法施工。胶粘剂应采用橡胶或改性沥青的气油溶液。其粘结剥离强度应大于0.8N/mm。改性沥青卷材施工方法不同于一般沥青油毡多层作法，要注意其施工要点：

（a）复杂部位的增强处理：待基层处理剂干燥后，应先将水落口、管根等易发生渗漏部位在其中心200mm左右范围均匀涂刷一层厚1mm左右的胶粘剂，随即粘贴一层聚脂纤维无纺布，并在无纺布上再涂刷一层厚1mm左右的胶粘剂，干燥后即可形成无接缝、具有弹性的整体增强层。

（b）接缝处理：卷材的纵、横之间搭接宽度为80～100mm，接缝可用胶粘剂粘合，也可用汽油喷灯边熔化边压实。平面与立面联结的卷材应由下向上压缩铺贴，并使卷材紧贴阴角，不应有空鼓现象。

（c）接缝边缘和卷材末端收头处理：可采用热熔处理，也可采用刮抹粘结剂的方法进行粘合密封处理。必要时，可在经过密封处理的末端收头处用掺入水泥重量20%108胶的水泥砂浆进行压缝处理。

（d）卷材铺设完毕后，其表面做蛭石粉保护层。

2）室内装修工程

（a）门窗框一律采用后塞口。墙面阳角处均做水泥砂浆护角。

（b）楼地面基层清理、湿润后，先刷一道素水泥浆作为结合层，抹水泥砂浆面层，抹平压光后，铺湿锯末养护。

（c）地面工程排在顶墙抹灰之后施工，为防止做上层地面时板缝渗漏，影响抹灰质量，灌缝用的细石混凝土应有良好的级配，水泥用量不少于每立方米300kg，坍落度不大于50mm。安排在地面后的施工工序有安门窗扇、油漆、安门窗玻璃和内墙粉刷等。

（d）水、电、暖、卫工程应和土建施工密切配合，其管道安装应在抹灰前完成，而其设备安装应在抹灰后进行。电气管线的立管随砌墙进度安排进行，不得事后剔凿，水平管应在安装楼板时配合埋设，立管、水平管均采用PVC阻燃管。

3）室外装修工程

外墙装修仍利用砌筑用外脚手架，按自上而下的顺序进行，拆除架子后进行台阶，撒水的施工。

2.3 施工进度计划和劳动力、材料、机械的供应计划

2.3.1 施工进度计划

施工准备工作20天，主要包括清理场地、修筑临时道路、铺设临时水电管网、建造搅拌机棚及其他临时工棚等。在施工准备工作其间，最好将水、电、暖、卫等室外管道工程做好。这样，即可避免与房屋施工互相干扰，又可利用它们供水供电，以节约临时设施费用。施工准备阶段后，即开始基础工程阶段。基础工程阶段最后一个工序（填房心土）

结束后，即开始主体结构工程阶段的第一道工序——砌砖墙，两阶段在此拼接。当主体结构工程阶段在第三层的最后一段安装预制圆孔楼板并灌缝后，即开始装修工程的第一道工序——砌隔断墙、洗手池、安门窗口，此两阶段在此拼接。三个阶段拼接后，即得到进度计划的初始方案。

对所得的初始方案，根据工期要求和劳动力的均衡要求等进行检查、调整，最后确定施工进度计划，见表5-5。

2.3.2 劳动力、材料、机械供应计划

劳动力需用量计划可根据工程预算、劳动定额和施工进度编制。材料需用量计划根据施工预算和施工进度计划汇总编制。机械供应计划则可根据施工方案、施工方法及施工进度计划编制。以上各项供应计划的计算过程从略，部分计算结果（工程量、劳动力等）已列入表5-4内。

2.4 施 工 平 面 图

2.4.1 起重机械的布置

由于南侧场地宽敞，可多堆放材料，故塔吊布置在南侧，两台井架布置在北侧，位于施工缝的分界线处。

2.4.2 搅拌站、材料仓库及露天堆场的布置

首先考虑塔吊与井架的大致分工。塔吊主要负责砖、灰浆及大部分预制混凝土空心楼板的吊装，井架主要负责混凝土、少量预制楼板、模板及其他零星材料的吊装。据此，即可确定搅拌站和主要材料的堆放位置。

（1）混凝土与灰浆搅拌站设在北面，所用砂石料及灰膏布置在它附近，以减少水平运输量。

（2）石灰采用的是材料厂淋好的灰膏、现场不设白灰堆场和淋灰池。

（3）砖的堆放位置，除基础和第一层用的砖直接安排在墙的四周外，其他各层用砖最好靠近塔吊放置。根据具体条件，本工程砖的贮备量为20天用量，约计100万块。堆放面积约需1000m²，除布置在南侧一部分，其余安排在东西两侧。

（4）预制钢筋混凝土楼板放在南侧，在塔吊的起重范围内，以免二次搬运。

（5）木料堆场与木工作业棚要考虑防火要求，设在离房屋较远的西北侧。钢筋堆场及钢筋加工棚设在东侧。

（6）水泥库集中设置，以便严格管理。

在装修阶段开始后，由于工地上存放的砖和预制楼板越来越少，装修所用的材料如隔断墙用的空心砖、铺地用的磁砖等可堆放在原来砖和空心楼板的位置上。管材零件则可利用清理出来的一部分水泥库来堆放。

2.4.3 水电管线及其他临时设施的布置

本工程水电供应均从已有水网及电力网引入，临时水电管网采用环形布置。

除上述外，工地上还设置办公室、休息室、工具及零星仓库、厕所等。

施工现场搅拌站、仓库、堆场等占地面积均根据机具种类、日工人数、材料库存量等基本参数按施工手册堆荐的方法计算而得，计算结果见施工平面图上所注。如图5-8所示。

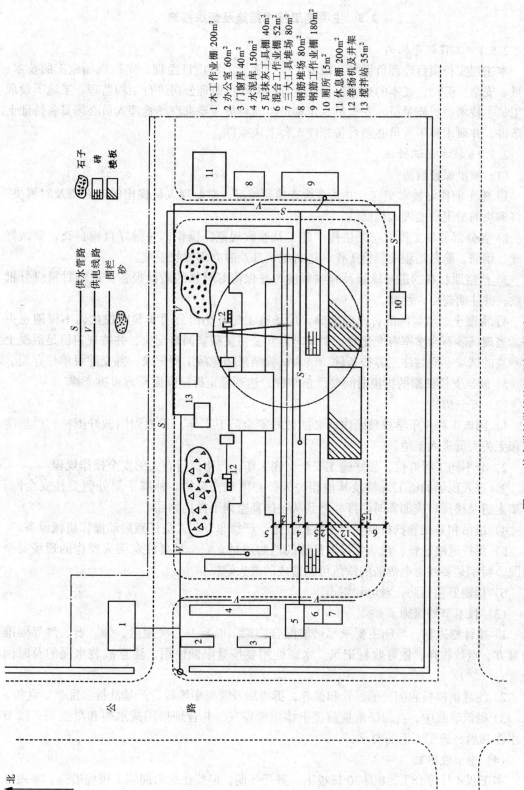

图 5-8　某中学教学楼施工现场平面布置图

1 木工作业棚　200m²
2 办公室　60m²
3 门窗库　40m²
4 水泥库　150m²
5 瓦抹灰工具棚　40m²
6 混合工作业棚　52m²
7 三大工具堆场　80m²
8 钢筋堆场　80m²
9 钢筋工作业棚　180m²
10 厕所　15m²
11 休息棚　200m²
12 卷扬机及井架　35m²
13 搅拌站　35m²

石子
砖
楼板

S——供水管路
V——供电线路
——围栏
——砂

北

公　　路

159

2.5 主要施工技术措施及组织措施

2.5.1 工程领导机构

本工程实行项目经理负责制，由施工单位委派工程项目经理，实行现场施工的技术、质量、安全、劳动、成本的全方位责任管理。同时由监理公司进行工程监理。工地下设现场工长、技术员、质量员、安全员、定额员、器材员。要求现场管理人员必须具备持证上岗条件，并要求施工人员必须具备相应工种上岗条件。

2.5.2 技术保证措施

（1）质量保证措施

1）施工前作好技术交底，并认真检查执行情况，对监理人员提出的问题要及时解决，并将解决的情况向监理人员反馈。

2）各分部分项工程均应严格按"施工及验收规范"操作，并做好自检自查，要做好轴线、钢筋、隐蔽工程的预检工作，进行纪录并及时办理验收手续。

3）严格原材料的进场检验及验收制度，并保留好材料的质检报告。进场材料应分批堆放，并注明规格、性能。

4）混凝土、砂浆的配合比要准确，现场施工配合比由公司实验室提出，不得随意更改。当现场砂石含水率有变化时，要及时通知公司实验室调整配比，并按规定留足混凝土及砂浆的试块，同时注意养护条件。试块试验结果随隐蔽工程记录一并交建设单位存档。

5）硬架支模圈梁的拆模时间要严格掌握，达到规定拆模强度后方可拆支撑。

（2）安全措施

1）因该工程位于学校校园内，必须做好安全防卫工作，工地周围做好围栏，严禁学生和无关人员进入工地。

2）分不同工程部位，做好施工安全交底工作，严格执行有关的安全操作规程。

3）进入现场的施工人员及其他相关人员必须戴安全帽。外脚手架外侧要挂安全网，井架走道及楼梯口应加临时栏杆，严禁从主体高空向下抛扔物品。

4）塔吊和井架卷扬机要加专用防护设施，严禁非专职人员任意启动操作机械设备。

5）保持道路通畅，现场要设置足够的消防器材，安全员要注意明火操作的现场安全情况，特别是要注意电焊渣的跌落可能造成的失火隐患。

6）雨期要注意防止触电和雷击。

（3）技术节约措施

1）按计划进料，与施工要求尽可能配合协调，以减少二次搬运。砂、石、砖等要准确量方、点数收料，做好收料记录。水泥使用要按量限额使用，注意散装水泥的及时回收。

2）注意钢模板和配件的保管和保养，拆模后及时集中堆放，严禁乱拆、乱扔、乱放。

3）砌筑砂浆中，在保证质量前提下掺用粉煤灰，并合理掺用减水剂和早强剂，以节约水泥和满足施工工期的要求。

（4）季节性措施

本工程4月份开工，8月30日竣工，避开冬期，但要注意雨期施工现场措施。要做好所有电气设备的防雨罩，现场要及时做好排水沟，以防积水。大雨过后要及时检查现场的重点机电设备，并加强雨期材料的防潮，防水保护措施。

2.6 主要技术经济指标

2.6.1 工期指标
本工程计划工期 139 天，比合同工期 5 个月（152 天）和当地类似的工程（150 天）为短。

2.6.2 施工准备期
施工准备期 20 天，比定额期限 1~1.5 个月为短。

2.6.3 劳动生产率指标

$$单方用工 = \frac{18969}{8110} = 2.34 \ 工日 /m^2$$

2.6.4 单位面积建筑造价
本教学楼全部工程单方造价为 721 元。

2.6.5 劳动力消耗均衡性指标

$$K = 施工期高峰人数 / 施工期平均人数 = 168/125 = 1.34$$

与类似工程相近。

课题 3 标后施工组织设计案例（钢筋混凝土框架结构）

说明：此案例为较简单形式的标后施工组织设计案例。

3.1 工 程 概 况

××市牧津纤维有限公司位于该市××开发区内，是中日合资企业，由于生产规模的不断扩大，原有生产车间已不能适应生产的需要，故拟增建分梳生产车间，该工程设计单位为××市建筑设计院，施工单位为该市第六建筑工程有限公司，监理为该市××建设监理公司，开工日期为××年 3 月 1 日，竣工日期为××年 8 月 24 日，日历工期178 天。

3.1.1 建筑地点特征
该生产综合楼座落在厂区南侧，东侧紧靠开发区主干道，北侧距原厂区建筑物29.5m，施工现场场地宽敞。

地下土质情况由工程地质勘察报告提供。地表以下 3.2m 为杂填土，应作弃土运走，以下为粉质黏土。地下水位在现地坪以下 1.5m 左右，该地区地下水量丰富，属弱碱性水，对混凝土和钢筋无腐蚀性。

该市冬季大约在 11 月中旬至转年的三月中旬。主导风向为西北风。夏季最高气温38℃，主导风向为西南风。年平均降水量为 500mm 左右，6~9 月间是降水量较集中的季节，达 400mm 以上。

3.1.2 工程特点
本工程占地 1059m²，建筑面积 3334m²。建筑物为主体四层，局部五层。首层层高4.5m，二~四层层高 4.2m，五层（电梯间）为 3.9m，总高度为 21m。为满足生产运输的要求，建筑物首层外设站台。建筑物整体呈矩形，楼内设两部生产用电梯，一部双跑楼梯。室外设一部外楼梯做为消防通道。

本工程采用现浇钢筋混凝土框架结构。横向三跨，两边跨跨距为7.2m，中跨跨距为7.5m。纵向柱距为6m。结构柱除首层为500mm×600mm矩形柱外，其余各层均为500mm×500mm的方形柱，共28根。横向框架梁断面为300mm×800mm，纵向框架梁断面为300mm×600mm。楼板为现浇肋梁楼盖，厚度为100mm，屋面板厚度为80mm，楼板梁断面为250mm×500mm。建筑抗震设防为7°。其建筑立面和标准层结构平面图如图5-9所示。

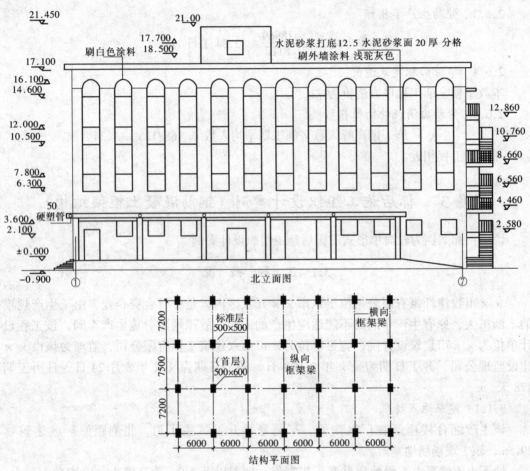

图5-9 某生产车间建筑立面和结构平面图

本工程首、二层梁柱的混凝土强度等级均为C30，三、四层和局部五层为C25，其他构件采用C20。主要受力钢筋为Ⅱ级，箍筋、构造筋为Ⅰ级。

3.1.3 施工现场条件

(1) 根据建设单位提供的情况，红线内地下无障碍物，现场东侧有上水干管，建设单位已接通正式水，水表位置在厂区入口处，施工用水可由此接。现场东北角有箱式变电站一座，可解决施工用电问题。

(2) 场地基本平整，场内运输道路的入口紧靠小区主干道。

（3）建设单位提供了四个坐标点和两个水准点

（4）该建筑物周围没有临时建筑，原有建筑与拟建建筑被厂区入口的道路分开，施工现场用地较开阔。

3.2 施 工 方 案

3.2.1 施工流向与施工顺序

（1）施工流向

本工程划分为基础工程、主体工程、装饰工程三个分部工程。其施工流向为：基础和主体为自下而上施工，装饰施工在屋面防水工程完工后，自上而下施工，先外檐装修后内檐装饰。

（2）施工顺序

各分部工程施工顺序如下：

1）基础工程：挖土→修坡清底→搭架子→基础处理→打垫层→混凝土支模、绑筋、浇筑→养护、拆模→砖砌筑→回填（挖土后设排水系统，排水直至回填结束）

2）主体工程：立塔吊→搭架子→柱绑筋→柱支模→柱浇混凝土→支梁板模板→绑筋→浇混凝土→养护达到设计强度后拆架子→砌填充墙→安门窗，一层主体完工后立龙门架

3）装饰工程：

外檐：立双排架→抹灰→涂料→安雨水管→散水、台阶→拆架子。

内檐：墙抹灰→顶棚→地面→涂料→门窗扇→油漆、五金、玻璃（二层抹灰完工后拆龙门架）

3.2.2 施工方法与施工机械的选择

（1）基础工程：桩基础：本工程为桩承台基础，桩基础施工使用履带式柴油打桩机，锤重 2.5t，打完桩后用送桩设备将桩送至 -2.4m 的位置（打桩、送桩工程由基础公司承包）。

1）挖土方：该车间桩顶标高 -2.4m，第一层挖土采用机械开挖，挖深 2m，人工修坡清底。采用 WY600 反铲挖土机一台，斗容量 0.6m³，自卸汽车 4 辆。

根据地质情况，-3.2m 以上为杂填土，须进行地基处理，故第二层挖土深度 1.2m，为避免机械开挖扰动桩基，因此此部分为人工挖土。

2）回填石屑：应分层回填，回填至桩顶标高 -2.4m 处。回填时搭架子，夯实用 4 台蛙式打夯机分层夯实。由于挖土深度较深，故考虑放坡，坡度 1:0.38。

3）排水措施：本工程槽在地下水位以下，地表水及雨水采用明沟→集水井→水泵系统排出场外。排水沟下口宽 30cm，上口宽 50cm，高 50cm，2‰放坡，30m 设一个集水井，集水井直径 1.2m，井筒码砖 20 层用麻绳捆紧，井底低于排水沟 1.0m，井底铺砂石滤水层。排水至回填土达地下水位以上时，将集水井内水排掉再回填。

4）承台混凝土施工：挖土工程完工后，经设计单位、监理单位验收合格后，方可进行下一工序施工。先把控制桩引入槽内，用水准仪抄平，以控制标高。根据图纸对基础及柱根尺寸进行弹线、支模、绑扎钢筋。基础模板采用组合钢模板加短木支撑。

混凝土采用商品混凝土，使用插入式振捣器边浇筑边振捣，注意快插、慢拔，插点均匀排列。混凝土在浇筑 12 小时后进行浇水养护。

5）砖砌体：待混凝土强度达到规范要求时，可进行基础墙体施工，施工前，应对轴线尺寸进行校正，无误后进行砌筑，砌筑时立皮树杆控制灰缝及标高，砌筑砂浆为 M5.0，现场搅拌。机砖采用 MU10。

6）回填土：回填土采用蛙式打夯机分层夯填，柱周围用木夯夯实，素土干容重应满足规范要求。

（2）主体工程：

1）垂直运输机械：在建筑物南侧延长向布置一台 TQ60/80 塔吊（低塔）。$M = 800kN\cdot m$，塔高 30m，回转半径 25m 时最大起重量 3.2 吨。塔吊主要用于混凝土浇筑，采用塔吊吊料斗的方法，斗容量 1m^3 重 0.7t，加混凝土重 2.5t 共 3.2t，塔吊能满足要求。

在一层主体完工后在楼北侧立卷扬机和井架，用做装修材料和灰浆等的垂直运输。

2）模板：采用组合钢模板散支散拆。考虑到纵、横框架梁不等高，故柱钢模配模高度在标准层均配至 3.40m 处，再配以 200mm 高的木方（厚与钢模肋高同，取 50mm），恰好到梁底标高。

3）钢筋：本工程采用钢筋直径均在 $\phi25$ 以内，故在现场进行加工绑扎，为保证每层钢筋截面接头小于 50%，采用错层搭接的方式。横向框架梁下部纵筋在中柱处对称搭接 $Ld > 700mm$。纵向框架梁上部纵筋在跨中搭接，$Ld \geqslant 35d$；下部纵筋在柱根处对称搭接，对 $\phi20 \sim \phi22mm$ 的钢筋，$Ld \geqslant 1000mm$，对于 $\phi16 \sim \phi18mm$ 的钢筋，$Ld \geqslant 700mm$。

外墙与柱之间应设拉结筋，沿高度每隔 600mm 和柱内甩的两根 $\phi6$ 钢筋拉结。

4）混凝土施工：采用商品混凝土机械振捣，柱每层分三次循环浇灌和振捣。

主体工程分为二段，施工缝留在纵向 4 轴～5 轴梁跨中 1/3L 处，应留立槎。

5）脚手架：采用钢管扣件脚手架，硬架支模方案，这样即可作施工用脚手架，又可作梁板模板的竖向支撑。砌墙用里脚手架，每步架高 1.5m。

6）填充墙施工：填充墙采用 500 级加气混凝土砌块，用 M2.5 级水泥混合砂浆砌筑。

（3）装饰工程：

1）主要工作：

外檐：抹灰、涂料、安雨水管、台阶散水等。

内檐：抹灰、涂料、门窗扇、油漆玻璃等。

2）主要施工方法：内墙墙面可先在砌体表面涂刷 TG 胶一道，抹掺 TG 胶的水泥砂浆底层，罩纸筋灰面层，再刷涂料。外墙墙面基层处理和底层做法同内墙，待做完中、面层灰浆后，再刷涂料面层。室内装修前必须将屋面防水做好，以防上面漏水污染墙面。

3.3 施工进度计划的说明

3.3.1 该施工进度计划工程为 178 天，自××年 3 月 1 日开工，于同年 8 月 24 日竣工，施工项目 43 项，其中基础 13 项，主体 15 项，装饰 15 项。

3.3.2 施工进度网络计算：本工程的施工进度网络计算如图 5-10 所示。该网络图按照 JGJ/T 1000—91 规程绘制，图中粗线代代关键线路。

3.3.3 主要工程量、主要劳动力需用量计划、材料需用量计划、机械需用量计划分另见表 5-6，表 5-7，表 5-8 和表 5-9。

主要工程量汇总表 表 5-6

工程项目	单 位	工程量	备 注	工程项目	单 位	工程量	备 注
挖土方	m^3	2498	基础	混凝土挑檐	m^3	10	主体
垫层	m^3	31	基础	混凝土楼梯	m^2	129	主体
承台	m^3	165	基础	钢门	m^2	69	主体
条基	m^3	5	基础	钢窗	m^2	244	主体
地梁	m^3	54	基础	玻璃	m^2	244	主体
基础柱	m^3	12	基础	油漆	m^2	158	主体
回填土	m^3	2743	基础	脚手架	m^2	3567	主体
混凝土梁	m^3	294	主体	砌墙	m^3	592	主体
钢筋	kg	15000	主体	屋面	m^2	821	装修
地面	m^2	786	装修	雨蓬抹面	m^2	222	装修
楼面	m^2	264	装修	挑檐抹灰	m^2	228	装修
墙裙	m^2	819	装修	独立柱抹灰	m^2	304	装修
楼梯抹灰	m^2	129	装修	外墙面	m^2	2104	装修
踢脚板	m^2	30	装修	站台地面	m^2	220	装修
内墙面	m^2	2347	装修	台阶	m^2	2	装修
顶棚	m^2	3073	装修	雨水管	m	143	装修
混凝土板	m^3	324	主体	楼梯栏杆	m	87	装修
混凝土柱	m^3	129	主体	埋件	kg	12	装修
混凝土构造柱	m^3	10	主体	散水	m^2	50	装修

劳动力需用量计划 表 5-7

工 种	班组数	班组人数	基础	主体	装饰	备 注
灰土工	1	10	62			有 1 班组为 6 人，持续时间 2 天
混凝土工	1	60	136	840		有一班 8 人，持续时间 2 天
架子工	1	10	10	70	60	
钢筋工	1	60	240	1800		
木 工	1	60	180	2340	5	有一班 5 人，持续时间 1 天
瓦 工	1	10	20	520	20	有一班 20 人，持续时间 27 天
抹灰工	1	10			1465	有一班 25 人，持续时间 15 天 有一班 35 人，持续时间 30 天 有一班 5 人，持续时间 1 天
油漆工	1	10			280	
防水工	1	4			20	

材料需用量计划 表 5-8

材 料	总 量	进场时间	分 段 需 用 量				
商品混凝土	$1153m^3$	3 月 12 日	按计划供应				
水 泥	313t	3 月 1 日	3 月 1 日	4 月 1 日	5 月 10 日	7 月 1 日	8 月 10 日
			43t	30t	90t	90t	60t
砂	$449m^3$	3 月 1 日	3 月 1 日	4 月 1 日	5 月 10 日	7 月 1 日	9 月 10 日
			$49m^3$	$130m^3$	$70m^3$	$80m^3$	$120m^3$

材 料	总 量	进场时间	分 段 需 用 量				
砌 块	592m³	3月1日	3月1日	5月10日	5月18日	5月25日	6月2日
			53.8m³	134.5m³	134.5m³	134.5m³	134.5m³
钢 筋	150t	3月8日	3月8日	3月18日	4月3日	4月18日	5月3日
			30t	35t	35t	35t	15t
白 灰	30t	3月15日	3月15日 30t				
钢模板	560m²	3月10日	3月10日	3月18日	3月28日		
			180m²	280m²	100m²		
脚手架	6500根	3月5日	3月5日	3月16日	4月1日	6月28日	
			500根	1200根	1200根	3600根	
扣 件	15000个	3月5日	3月5日	3月16日	4月1日	6月28日	
			2000个	4000个	4000个	5000个	
脚手板	2600块	3月5日	3月5日	3月16日	4月1日	6月28日	
			300块	500块	500块	1300块	
安全网	1200片	4月2日	4月2日	4月18日	5月3日		
			300片	300片	600片		

施工机械需用量计划　　　　　　　　　　　　　　　　表 5-9

序 号	机具名称	型 号	需用量 单位	需用量 数量	使 用
1	塔 吊	TQ60/80	台	1	主体垂直运输
2	卷扬机	JJM-3	台	1	装修垂直运输
3	振捣棒	21Z-50	台	4	浇混凝土
4	蛙 夯	21W-60	台	4	基础回填
5	钢筋切断机	GJS-40	台	1	钢筋制作
6	钢筋调直机		台	7	钢筋制作
7	电焊机	BX3-300	台	2	钢筋制作
8	砂浆搅拌机	JQ250	台	2	砖砌筑
9	抹灰机械	21m-66	台	2	混凝土表面抹光
10	挖土机	WY60	台	1	基础挖土
11	载重汽车		台	4	运输（运土）
12	电锯电刨		台	2	木活加工
13	离心水泵		台	2	基础排水
14	筛砂机		台	1	主体

3.4 施工平面图布置说明

施工平面布置图见图 5-11 所示

3.4.1 平面布置原则

（1）临时道路的布置，已考虑和永久性道路相结合，以保证场内运输通畅。

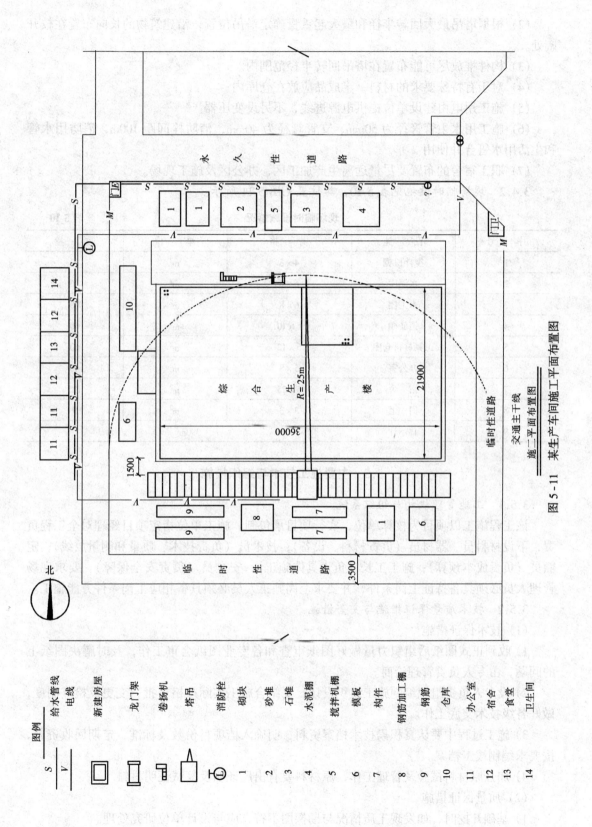

图 5-11 某生产车间施工平面布置图

图例	
S	给水管线
V	电线
▭	新建房屋
▭	龙门架
⊏	卷扬机
⏁	塔吊
Ⓛ	消防栓
1	砌块
2	砂堆
3	石堆
4	水泥棚
5	搅拌机棚
6	模板
7	构件
8	钢筋加工棚
9	钢筋
10	仓库
11	办公室
12	宿舍
13	食堂
14	卫生间

（2）根据塔吊最大回转半径和最大起重量确定塔吊位置，沿建筑物的长向布置在较开阔处。

（3）构件堆放尽可能布置在塔吊回转半径范围内。

（4）对于有特殊要求的材料，半成品应放在仓库内。

（5）施工用电由建设单位提供电源进线，不另设变压器。

（6）施工用水主管管径为50mm，支管管径为40mm，消防栓间距100m，消防用水管和生活用水管合并使用。

（7）职工宿舍的布置要尽量远离生产加工区，办公区及施工现场。

3.4.2 现场临时设施见表5-10，其位置见图5-11所示。

现场临时设施情况   表5-10

序　号	设　施	规　格	单　位	数　量
1	搅拌机棚	4×3	m²	12
2	水泥库	6×6	m²	36
3	木工棚	6×8	m²	48
4	钢筋棚	6×10	m²	60
5	工具材料仓库	5×12	m²	60
6	办公室	5×8	m²	40
7	宿　舍	5×25	m²	125
8	门　卫	3×3	m²	9
9	总　计		390m²	

3.5 主要施工技术与组织措施

3.5.1 工地管理机构与组织系统

该工程施工以项目为核算单位，实行项目承包制。施工单位指定项目经理对全工程负责，下设材料员、器材员（负责材料、设备）；技术员（负责技术、质量和测量放线）；定额员（负责成本预算）；施工工长（负责具体施工）；安全员（负责安全保障）。要求现场管理人员必须具备持证上岗条件，并要求上岗施工人员必须具备相应上岗条件方能施工。

3.5.2 技术质量保证措施与安全措施

（1）技术保证措施

1）收到正式图纸后组织力量做好图纸审查和各专业图纸会审工作，及时解决图纸上的问题，由专人负责管理洽商。

2）设专人负责组织编制施工组织设计，要结合施工实际严格审批、变更及检查制度，做好各级技术交底工作。

3）施工过程中要认真积累技术档案资料，明确入档项目份数及标准，定期回收资料，按要求编制竣工档案。

4）加强原材料试验及管理工作，原材料要有出厂证明及复试证明材料。

（2）质量保证措施

1）基础开挖时，如发现土质情况与勘探图不符，应与设计单位研究处理。

2）基础及场地回填土应分层夯实至室外地坪标高，以满足铺设塔轨道和汽车行走的要求，并可保证回填土质量。

3）按照《地基和基础工程施工验收规范》要求做好建筑物的沉降观测。

4）为防止柱子位移每层都要用经纬仪从标准桩引线。

5）钢筋、构件进场要有专人检验，按型号、类别分别堆放。

6）抹灰前，砌块墙面须清理，并浇水湿润，为防止抹灰起壳开裂，要求砂子必须是中砂，含泥量控制在3%以下，同时必须严格控制砂浆中的水泥用量。

（3）安全措施

1）塔吊使用中要严格遵守有关塔式起重机的安全操作规程。

2）第一层主体施工完后，应沿建筑物四周装设安全网。

3）砌体的堆放场地应预先平整夯实，不得有积水，堆放要稳定，以防倒塌伤人，高度不得超过3m。

4）施工人员进入现场要戴安全帽，高空作用要戴安全带。

5）非机电人员不准动用机电设备，机电设备防护措施要完善。

6）现场道路保持畅通，消火栓要设明显标记，附近不准堆物，消防工具不得随意挪用。

7）电梯井口要层层封闭，井内每隔二层设一道安全网。

（4）季节性施工措施

1）雨季施工首先应做准备工作，做好雨季期间工程材料和防水材料的准备工作。

2）现场要做好排水工作，现场排水通道应随时保证畅通，应设专人负责，定期疏通。

3）对于原材料的存放，水泥应按不同品种、标号、出厂日期分类码放，要遵循先收先进先用，后收后用的原则。避免久存水泥受潮影响。砂、石、砖尽量大堆堆放，四周设点排水。

4）现场电器、机械要有防雨措施。

5）下雨时砌筑砂浆应减小稠度，并加以覆盖，下雨前新砌体和新浇筑混凝土应加以覆盖，以防雨冲，被雨水冲过的墙体应拆除上面两皮砖，中雨以上应停止砌砖和浇筑混凝土。

6）注意收听次日天气情况及近期天气趋势，做好雨季施工准备，雨前浇筑混凝土要根据结构情况和可能考虑好施工缝位置，以便大雨来时，浇筑到合理位置。

7）由于没到冬季施工期，所以冬季施工措施略。

3.6 主要技术经济指标

3.6.1 单位建筑面积造价：每平方米1320元，总造价440万元，比预算总造价节约3%。

3.6.2 单位建筑面积劳动消耗量2.42工日/m²。

3.6.3 本工程定额工期185天，合同工期190天，计划工期178天，其中基础工程29天，主体工程73天，屋面与装修工程76天。

参 考 文 献

1 彭圣浩主编 . 建筑工程施工组织设计实例应用手册（第二版）. 北京：中国建筑工业出版社，1999

2 危道军主编 . 建筑施工组织 . 北京：中国建筑工业出版社，2002

3 蔡雪峰主编 . 建筑施工组织 . 武汉：武汉理工大学出版社，2002

4 全国一级建造师执业资格考试用书编写委员会编写 . 房屋建筑工程管理与实务 . 北京：中国建筑工业出版社，2004

5 中国建设监理协会组织编写 . 建设工程进度控制 . 北京：中国建筑工业出版社，2003

6 全国建筑业企业项目经理培训教材编写委员会 . 施工组织设计与进度管理（修订版）. 北京：中国建筑工业出版社，2001

7 陈乃佑主编 . 建筑施工组织 . 北京：机械工业出版社，2003

8 蔡雪峰主编 . 建筑施工组织（第二版）. 武汉：武汉理工大学出版社，2003

9 蔡雪峰主编 . 建筑工程施工组织管理 . 北京：高等教育出版社，2002

10 黄展东编著 . 建筑施工组织与管理 . 北京：中国环境科学出版社，2002